一、板栗病害及防治

1. 栗实炭疽病（真菌病）*Colletotrichum gloeosporiodes* (Penz.) Sacc.

主要危害果实，也危害新梢和叶片。栗蓬感病后，部分蓬刺和基部的蓬壳变为黑褐色，并逐步扩大，直到收获期全部栗蓬变为黑褐色。栗实多从顶端或侧面发病，感病部位果皮变黑，常附着灰白色菌丝。病菌侵入种仁后，种仁变为暗褐色，而后干腐萎缩，产生孔洞，内部充满菌丝。

栗实表面症状

种仁局部变为暗褐色　　后期栗实表面附着灰白色霉状物

2. 栗实霉烂病（真菌病）

栗实红腐病 *Trichothecium roseum* Lk.et Fr.

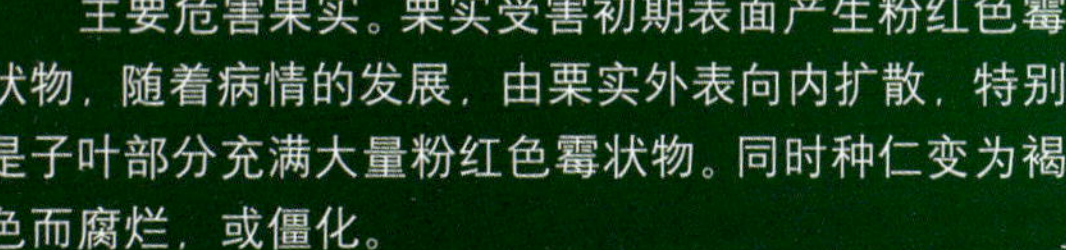

主要危害果实。栗实受害初期表面产生粉红色霉状物，随着病情的发展，由栗实外表向内扩散，特别是子叶部分充满大量粉红色霉状物。同时种仁变为褐色而腐烂，或僵化。

栗实表面症状

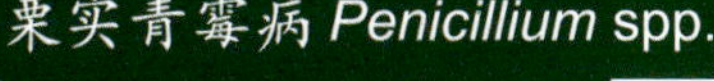

栗实青霉病 *Penicillium* spp.

主要危害果实。感病的栗实内外初期局部产生白色霉状物，后变为青绿色霉状物，尤其子叶部分的霉层十分明显。随着病情的发展，种仁变为褐色而霉烂。

栗实表面症状

幼芽及栗受害状

前　言

板栗原产于我国，栽培历史长达6000多年。新中国成立以来，尤其是改革开放以后，随着退耕还林和农业生产结构调整政策的实施，板栗以其适应性强、营养丰富、用途广、效益好等得到长足发展，据不完全统计，目前栽培面积已超过100万公顷，年产量达60万吨以上，均居世界首位。由于其出口、内销量日益增长，为我国贫困地区农民脱贫致富和出口创汇作出了巨大贡献。

我国地域辽阔，南北气候不同，病虫害种类多，数量大，板栗每年都不同程度地遭受多种病虫的为害，致使产量降低，品质欠佳。为了帮助农民识别病虫害，及时防治，减少损失。编著者将多年来积累的图片、资料汇编成册，辅以简洁文字说明，同时根据板栗的物候期，介绍了具体的防治方法，有助于农民有针对性地开展防治工作。

本书在编写过程中，甘肃省农业科学院植物保护研究所罗进仓研究员和刘月英博士给予大力支持，提供标本室昆虫标本拍摄了部分照片；此外还引用了日本长野县农政部拍摄的部分照片，在此一并致谢。

书中不妥之处，敬请读者指正。

作者张炳炎　2008年5月

目　录

栗实曲霉病 *Aspergillus* spp.

主要危害果实。栗实发病初期表面产生黄褐色霉状物，后由栗实外表向内扩展，使种仁变为褐色，继而腐烂或僵化，尤其是子叶部分充满大量黄褐色霉状物。

种仁症状

栗实表面症状

以上 3 种病害主要发生在栗实贮藏期。感病栗实均具霉味和苦味，不堪食用。

3. 种仁斑点病（真菌病）

Botryosphaeria ribis (Tode) Gross.et dugg.

主要危害栗实，也危害枝干。种仁感病后，在种仁上产生灰黑色、黑色或墨绿色圆形或不规则形病斑，病斑不断扩大并逐渐干腐，出现空洞，内有灰黑色菌丝丛，种仁易碎。种皮表面也覆盖黑灰色菌丝层，种皮下形成粒点状子座。有时种皮外观无明显变化，但种仁已变黑、腐烂。

种仁表面初期症状

种仁表面后期症状

4. 芽枯病（细菌病）*Pseuadcmonos castaneae* Savulescu

主要危害幼芽，也危害苞叶。在新叶展开时产生水浸状病斑，随着病情发展，幼芽逐渐变为褐色，直至变为黑褐色而枯死。在新梢伸长的苞叶上发病时，亦为水浸状呈暗绿色病斑，其后变成黑褐色。

病芽初期症状

病芽后期症状

5. 白粉病（真菌病）*Phyllactinia guttata* (Wallk)Lev emend Yu

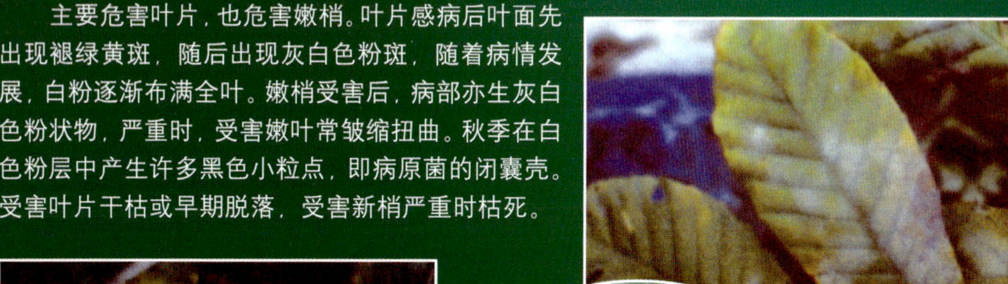

主要危害叶片，也危害嫩梢。叶片感病后叶面先出现褪绿黄斑，随后出现灰白色粉斑，随着病情发展，白粉逐渐布满全叶。嫩梢受害后，病部亦生灰白色粉状物，严重时，受害嫩叶常皱缩扭曲。秋季在白色粉层中产生许多黑色小粒点，即病原菌的闭囊壳。受害叶片干枯或早期脱落，受害新梢严重时枯死。

病叶初期症状

病叶后期症状

病梢症状

6. 锈病（真菌病）*Cronartium quercuum* (Berk.) Miyabe

主要危害板栗的叶片，也危害松属枝干。叶片感病后在叶面出现褪绿小斑点，逐渐扩大呈圆形橙黄色疱状斑，即夏孢子堆，随后病斑表皮破裂，散出黄粉，即夏孢子。病斑扩大后，中央长出许多黑色小粒点。夏季于叶背长出毛发状物，即冬孢子堆。冬孢子侵染松属植物，在枝干上生近圆形木瘤，春季木瘤开裂散出粉状锈孢子，再侵染板栗。板栗受害严重时，叶片早落，削弱树势，影响产量。

病叶症状

病斑（夏孢子堆）放大

7. 叶斑病（真菌病）

Monochaetia kansensis (Ell.et Barth.) Sacc.

病叶正面（左）和背面症状

主要危害叶片。叶片感病后最初在叶片上产生红褐色小斑点，后扩大为圆形或椭圆形深褐色病斑，中央红褐色，外围有黄绿色或黄褐色晕圈。后期病斑中部产生轮状排列的黑色小粒点，即病菌的分生孢子盘。叶背的病斑灰色，边缘褐色。严重时引起叶片干枯脱落。

病斑上的分生孢子盘（黑色小粒点）

8. 角斑病（真菌病）*Cercosporina* spp.

主要危害叶片。叶片感病后初为黄绿色或灰白色病斑，由于受叶脉限制，呈多角形，大小2～5毫米，病斑扩展后颜色加深，中部褐色、边缘黑色。发病重的导致落叶和落果。

病叶症状

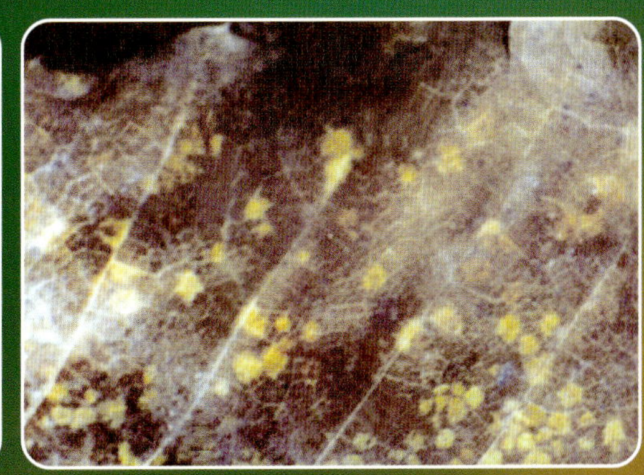

病斑放大

9.栗叶炭疽病（真菌病）

Gloeosporium castanicolum Ellis et Everhart

病叶症状

主要危害叶片。叶片感病后在叶面形成不规则褐色小斑点，扩展后变成褐色、边缘的病斑深褐色。有时数个病斑融合连片，原来的界线不明显。病斑背面呈浅褐色，叶脉上的病斑椭圆形，褐色。发病重时早期落叶，削弱树势，造成减产。

病斑放大

10. 褐斑病（真菌病）*Phyllosticta maculiformis* (Pers.) Sacc.

主要危害叶片。叶片感病后初期产生褐色小点，后逐步扩大为近圆形病斑，有时病斑扩展融合形成不规则形大斑，褐色至暗紫色，周围有黄色晕圈，中央散生黑色小粒点，即病菌的分生孢子器。严重时病叶易早期脱落，尤其是大风雨过后常大量落叶，造成树势衰弱。

病叶症状

病斑融合形成不规则形大斑

11. 灰斑病（真菌病）*Phyllosticta* spp.

主要危害叶片。叶片感病后产生圆形或近圆形病斑，病斑呈灰色或灰白色，具褐色较细的边缘。后期病部散生黑色小粒点，即病菌的分生孢子器。病叶一般不变黄脱落，但受害重的叶片常出现焦枯现象。

病叶症状

病斑上的分生孢子器

12. 煤污病（真菌病）*Capnodium* spp. *Meliodla* spp.

又名煤烟病。主要危害叶片，也危害枝条。最初叶片表面生薄薄1层暗色霉斑，有的稍带灰色或稍带暗色，以后随着霉斑的扩大、增多，而使整个叶面呈现黑色霉层（菌丝和各种孢子），似烟熏状，故由此而得名。由于叶片被黑色霉层所覆盖，妨碍光合作用而影响板栗生长发育，造成减产。

病叶症状（左轻右重）

13. 毛毡病（锈壁虱寄生）*Eriophyes dispar* Nal.

主要危害叶片。受锈壁虱侵害时，在叶面或叶背产生不规则的苍白色小斑点，后随病斑的扩展，突出表面，密生白色绒毛，后稍带红色，最后变为褐色，状似毛毡，故名毛毡病。严重时叶片扭曲、变硬，易引起早期落叶。

病叶症状

严重危害叶片的症状

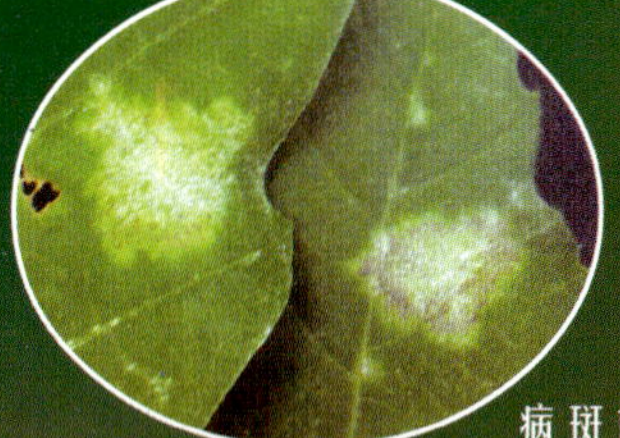

病斑放大

14. 花叶病（病毒病） Virus

主要危害叶片。叶片感病后病状表现有较大差异。一是病轻时仅局部叶片发生零星鲜黄色病斑，病斑大小不等，无一定形状；病重时病斑布满整个叶面，致使叶片形成黄、绿相间的花叶。二是病叶主脉与侧脉黄化，呈带状纹，或叶片主脉、侧脉和小叶脉黄化，使整叶呈不甚明显的网状纹。三是以上病状混合发生。感病树1年生枝条较健株短，节数减少，叶片易提早脱落，果实不耐贮藏。

黄脉型症状

花叶型初期症状

15. 黄叶病（生理病）

又名缺铁失绿症。主要危害叶片。发病多从新梢上部的嫩叶开始，初期叶脉间叶肉失绿变黄，而叶脉仍保持绿色，使叶片呈网纹失绿。发病严重时全叶变为黄白色，或苍白色，妨碍生长和开花，降低产量。

病叶症状

16. 枝枯病（真菌病） *Melanconium* spp.

危害枝条，尤其是1～2年生枝条易受害。枝条感病后，初期出现浅褐色略肿起的条状病斑，皮层病组织呈湿腐状，后期病斑干缩，在病皮上产生很多黑色疣状颗粒，即病菌的分生孢子盘，湿度大时从分生孢子盘涌出大量分生孢子团块。病斑环枝干扩展1周后，则引起病部以上枝条枯萎，后期干缩枯死。

一年生枝条枯死状

多年生枝条枯死状

病枝上的长条形病斑

病斑上的分生孢子器

17.灰色膏药病（真菌病）*Septobasidium bogoriense* Pat.

主要危害树干和枝条。感病后出现圆形或椭圆形菌膜，扩大后可互相连接，呈不规则形大斑。菌膜初期为灰白色，后期变为灰褐色至暗褐色，表面比较平滑。后期常有龟裂纹，逐渐干缩、脱落。严重时妨碍栗树生长发育，引起小枝衰弱，甚至枯死。

主干受害状

病枝上的长椭圆形菌膜

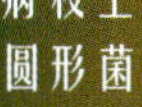

病枝上的圆形菌膜

枝条受害状

18. 干枯病（真菌病）*Endothia parasitica* (Murr.) And.

幼树多在主干基部发病，成树在主枝基部或桠杈处发病。枝干感病后，最初形成稍隆起而松软的红褐色不整形病斑，常自病斑处流出黄褐色汁液，病皮呈水浸状腐烂，有酒糟味。发病中后期，病斑失水干缩而凹陷，并产生黑色小粒点，即病菌的子座，在潮湿或下雨后常涌出丝状扭曲的橙黄色孢子角。以幼树受害较重，轻则树干局部腐烂，引起树势衰弱，重则全株枯死。

病干症状

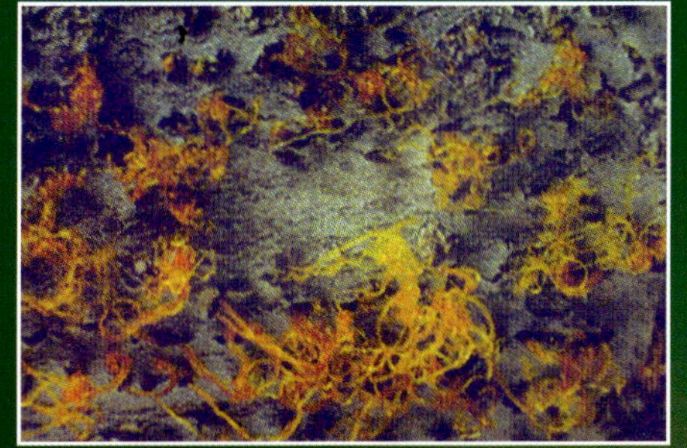

从子座喷出的孢子角

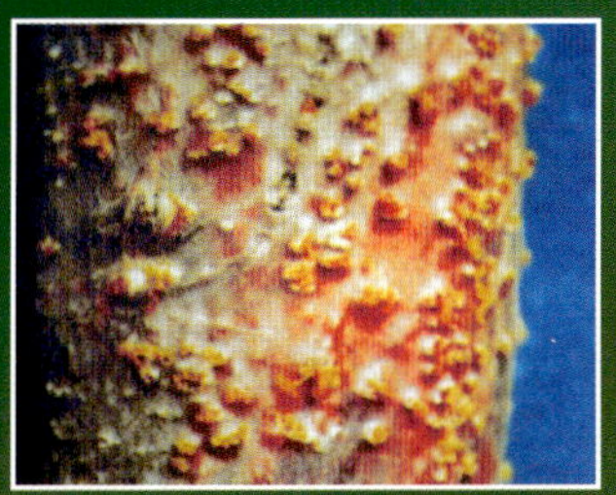

子 座

19. 冠瘿病（真菌病）

Agrobacterium tumefacieus (Smith et Towns) Conn.

主要危害主干和枝条。发病后形成大小不一的近球形、扁球形或不规则形的瘤，开始近圆形，淡黄色或黄白色，表面光滑，渐变为黄褐色至暗褐色，表面粗糙龟裂。由于后期瘤体破裂，阻碍养分输送，削弱树势，影响产量。

病干症状

瘿瘤放大

20.伞菌木腐病（真菌病）*Marasmium* spp.

危害栗、栎等活立木损伤部的边材。多发生于主干和侧枝上，引起木材腐朽，初期变色不明显，后变为白色腐朽。被害边材下陷，生出大型伞状子实体。此外，还有一种菌寄生于树干基部，在树干丛生许多个较小的伞状子实体，引起树干基部和主根基部变色腐朽。

局部木质部腐朽状

伞状菌子实体

21. 裂褶菌木腐病（真菌病）*Schizophyllum commune* Fr.

病菌寄生于树干或大枝上，致使受害部位树皮腐朽脱落，露出木质部。同时病菌向四周健部扩展，形成大型长条状溃疡斑。后期在病部长出灰白色覆瓦状子实体，被害处木材变为白色腐朽，危害严重者可使整树枯死。

病干症状

病部子实体正面（左下）和背面（右上角）

22. 地衣害

地衣是真菌和藻类共生的植物，寄生于树干、叶片上。种类多，常见的有叶状地衣、枝状地衣、壳状地衣等。叶状地衣为不规则叶片状，表面绿色、灰绿色、蓝绿色或青灰色，叶状体扁平，有时边缘反卷，呈皱褶裂片。壳状地衣为青灰色、灰绿色或褐色，状若膏药，紧贴树皮。由于地衣附着枝杆，影响树木呼吸，并滞留大气水而有利于一些病菌、害虫的侵入和孳生，导致树势衰弱。

叶状地衣

危害枝干状

壳状（杯状）地衣

23. 大金发藓（寄生植物）*Pogonatum* spp.

植物体纤细，黄绿色或绿色。主茎细长，匍匐延伸，具成束假根，常分枝，附着在枝干树皮上。支茎密集，交织，叶片狭长形。孢蒴圆柱形，生兜形蒴帽，蒴帽被黄色毛，蒴柄细长。其危害性同地衣。

孢 蒴

大金发藓植株

危害树干状

24. 幼苗立枯病（真菌病）*Rhizoctonia solani* Kuhn

根部症状

主要发生在1年生以下的幼苗上。幼苗感病后，初期茎基部产生水渍状褐色长条形病斑，白天或中午萎蔫，夜晚至翌晨恢复正常。病斑逐渐扩大，凹陷，扩展后绕茎1周，幼苗基部缢缩，最后呈直立状枯死。

25. 白纹羽根腐病（真菌病）*Rosellinia necatrix* (decandolle) Fris.

危害根系，引起霉烂，由细根扩展到侧根和主根。病根表面缠绕有白色或灰白色丝状物，即根状菌索。后期烂根的柔软组织全部消失，外部的栓皮层如鞘状套于木质部外面，木质部有时生黑色小菌核。

根部症状

根系腐烂状

板栗病害的防治

物候期	发生种类	发生（危害）特点	防治方法
休眠期（11月至翌年2月份）	栗实炭疽病、种仁斑点病、芽枯病、角斑病、锈病、灰斑病、褐斑病、叶斑病、白粉病、栗叶炭疽病、毛毡病、花叶病、黄叶病、枝枯病、干枯病、木腐病、大金发藓、幼苗立枯病、白纹羽根腐病等	栗实炭疽病病菌在枝干、芽鳞上越冬；种仁斑点病病菌在枝干上越冬；芽枯病病菌在枝梢病部越冬；白粉病病菌在受害叶片、嫩梢上越冬；锈病、叶斑病、栗叶炭疽病、褐斑病、灰斑病、斑点病等多种病害的病菌在落地病叶上越冬；花叶病、黄叶病在板栗生长期表现病状；枝枯病、干枯病、膏药病等枝干病害的病菌在枝梢、枝干病组织内越冬；幼苗立枯病、白纹羽根腐病在病残体和土壤中越冬	1.加强对苗木、种子、接穗的检疫工作，防止病害侵入新区 2.加强栽培管理，增强树势，提高栗树抗病能力。对冻害易发地区，可进行树干涂白保护，减轻病害发生 3.结合冬季修剪剪除枯枝，清理枯枝、落叶、残果，铲除杂草，集中烧毁，以消灭各种病害越冬菌源 4.结合施基肥，深刨树盘，将残留碎叶、碎草翻入土壤深层，同时熟化土壤 5.刮治干枯病等枝干病害病斑，刮下来的病皮、碎屑集中烧毁；伤口涂抹托布津·福美胂油膏等；此外，用50%甲基硫菌灵可湿性粉剂100倍液，或50%多菌灵80～100倍液刷树干，消灭病原菌 6.冬前和早春萌芽前，分别喷布1次5波美度的石硫合剂，或45%晶体石硫合剂80～100倍液，或40%福美胂可湿性粉剂100倍液，消灭树体附着的各种病菌 7.对缺铁的栗园，在施基肥时，可掺入0.3%～0.5%硫酸亚铁，防治黄叶病 8.防治花叶病可挖除病树，栽植无病苗木，不在病树上采集接穗，防止传播

物候期	发生种类	发生（危害）特点	防治方法
萌芽期至展叶期（3～4月份）	幼苗立枯病、芽枯病、栗叶炭疽病、白粉病、褐斑病、灰斑病、角斑病、毛毡病、黄叶病、褐色膏药病、枝枯病、板栗干枯病、白纹羽根腐病等	板栗萌芽时，芽枯病病菌侵入芽内引起发病；白粉病在芽鳞中越冬的病菌产生分生孢子，传播到芽、幼叶和嫩梢上；炭疽病、褐斑病、叶斑病、灰斑病等叶部病害越冬病菌分别产生子囊孢子、分生孢子，借风雨传播，侵染幼叶；4月份黄叶病已出现病状；膏药病越冬病菌借风雨传播，附着枝干表皮萌发生长；枝枯病、干枯病越冬病菌产生分生孢子，随风雨传播、经伤口侵入，引起发病；白纹羽根腐病病菌于3月中下旬开始初次侵染，一般较轻	1.3月份播种育苗时，用霜霉威、百菌清喷淋土壤，防治幼苗立枯病、苗木茎腐病等 2.冬季没有进行冬剪的栗园，结合春季修剪，继续剪除病枝、干枯枝，集中烧毁 3.栗树嫁接后，其接口和伤口要及时用福美胂药泥涂抹伤口，防止病菌侵入；对嫁接口还要外包塑料薄膜保护 4.萌芽时喷布0.3波美度的石硫合剂，或45%晶体石硫合剂150倍液，防治白粉病、芽枯病、毛毡病等病害 5.展叶后喷布50%甲基硫菌灵可湿性粉剂800～1000倍液，或50%多菌灵可湿性粉剂800～1000倍液，防治栗叶炭疽病、灰斑病、褐斑病、角斑病和膏药病等病害；喷布1.8%阿维菌素5000倍液，可杀死锈壁虱，防治毛毡病 6.黄叶病发生初期，喷布0.3%～0.5%硫酸亚铁和0.3%尿素混合液，间隔15天喷1次，连喷2～3次 7.白纹羽根腐病刚发病或发病轻的植株，可扒开病部周围病土，削去或切除病根，在切面或削面上涂

物候期	发生种类	发生（危害）特点	防治方法
			1∶1∶15波尔多液或0.1%升汞水，再用五氯硝基苯消毒，然后覆土 8.刮治树干上的干枯病病斑和膏药病菌膜，刮后用30%福美胂·腐殖酸可湿性粉剂30～40倍液，或托布津·福美胂油膏涂抹伤口消毒
新梢生长期至开花期（5～6月份）	炭疽病、白粉病、锈病、褐斑病、斑点病、花叶病、黄叶病、干枯病等	栗实炭疽病越冬病菌开始侵染花器；白粉病、锈病、褐斑病、斑点病于抽梢、开花前后发病显著；6月份黄叶病严重的地区引起落叶；6月下旬花叶病陆续显现病状；枝枯病和干枯病也陆续发病	1.人工摘除病叶，剪除病梢、病枝；并随时检查，发现干枯病新发病斑及时刮治，摘除的病叶，剪去的病枝和刮治病斑的病皮、碎屑，集中一起烧毁 2.在果园管理中，避免人为造成各种伤口，并注意防治蛀干害虫，防止虫伤，减少枝干病害病菌侵染的机会 3.栗树树干喷布草木灰浸提液，或40%农抗120水剂600～800倍液，防治枝枯病等病害 4.开花前后，根据病害发生情况，普遍喷布1～2次杀菌剂，真菌性病害用波尔多液、代森锰锌、三乙膦酸铝、百菌清、甲基硫菌灵、多菌灵等常规剂量；细菌性病害用农用链霉素、二元酸铜（DT）、喹菌铜等常规剂量；病毒病用病毒A、菌毒清、混合脂肪酸等常规剂量

物候期	发生种类	发生（危害）特点	防治方法
			5.黄叶病的防治除以上方法外，还可用强力注射器将0.1%硫酸亚铁溶液，或0.8%柠檬酸铁溶液注射到树干中，也有一定防治效果 6.白粉病发生时，于开花前后各喷1次50%硫悬浮剂300倍液，或10%三唑酮可湿性粉剂800～1000倍液，防治白粉病有显著效果
果实膨大期（7～8月份）	栗实炭疽病、栗实红腐病、栗实青霉病、栗实曲霉病、锈病、白粉病、叶斑病、斑点病、角斑病、栗叶炭疽病、褐斑病、灰斑病、霉污病、毛毡病、花叶病、灰色膏药病、	7月份进入雨季，温度高，湿度大，各种病害都会发生；栗实炭疽病，从幼果期危害栗蓬继而侵害栗实，8月份达盛期；栗实红腐病、青霉病、曲霉病病菌也相继从伤口侵入栗实；锈病、叶斑病、栗叶炭疽病、角斑病、灰斑病、霉污病、斑点病、毛毡病、褐斑病、花叶病等均已进入发病盛期，有些病害引起大	1.人工摘除病果，捡拾地下落果，集中烧毁或深埋 2.板栗干枯病等病害可通过苗木远距离传播，调运苗木时应对苗木进行严格检疫，淘汰有病苗木及时销毁，防止传播 3.防治栗实炭疽病，可用0.5波美度的石硫合剂，或80%炭疽福美可湿性粉剂800倍液，或25%溴菌腈乳油400～500倍液，或50%多菌灵可湿性粉剂600～800倍液，间隔10天喷1次，连喷2～3次 4.在栗实生长期间，注意防治栗实象、桃蛀螟等蛀果害虫，防止栗实受伤，可有效减少栗实青霉病、曲霉病、红腐病等病害病菌的侵染机会 5.注意防治蚜虫、介壳虫和斑衣蜡蝉，可减轻霉污病的发生

物候期	发生种类	发生（危害）特点	防治方法
	疫病、枝枯病、木腐病、大金发藓、白纹羽根腐病等	量落叶；木腐病7月上旬为发病初期，8月份为发病盛期，可见到大量子实体；枝枯病、疫病7～8月份发病，8月份为发病高峰期，严重者引起枝干和枝条干枯；大金发藓6～7月份陆续发生，8～9月份为盛期，部分树干、枝条布满苔藓；白纹羽根腐病6月下旬至8月份为发病盛期，部分病树根系被白色菌索缠绕，根皮腐朽，木质部坏死	6.针对各种叶部病害，可参照以上2期所用药剂，间隔7～10天防治2～3次 7.防治毛毡病，用1.8%阿维菌素乳油4000～5000倍液，或1%阿维菌素乳油2500～3000倍液，或40%阿维菌素·敌敌畏乳油2000～2500倍液，可有效杀灭锈壁虱 8.随时检查，发现木腐病子实体，大金发藓、膏药病菌膜，应立即摘除或用刀刮除，并集中烧毁或深埋，并用40%福美胂可湿性粉剂500倍液，或10%硫酸铜溶液消毒
采收期至落叶期（9～10月份）	栗实青霉病、栗实红腐病、栗实	种仁斑点病在果实近成熟期发病，在常温贮存和运销中加重；栗实	1.适时采收，一般应在栗实苞壳呈黄色，苞口开裂，坚果呈红棕色时采收最好，可减轻栗实红腐病、青霉病、种仁斑点病等病害的发生

物候期	发生种类	发生（危害）特点	防治方法
	曲霉病、种仁斑点病、锈病、褐斑病、霉污病、干枯病、大金发藓等	红腐病、青霉病、曲霉病病菌从虫伤、机械伤口侵入，尤其在贮藏期，温湿度合适，会引起大量发病；9月份锈病、褐斑病、灰斑病、霉污病仍为发生盛期；干枯病、大金发藓也仍为发生盛期	2.栗实采收、脱粒、贮运过程中，尽量避免损伤，减少种仁斑点病和栗实曲霉病、红腐病、青霉病病菌的侵染机会 3.贮藏前剔除蛀虫果、机械损伤果，同时用7.5%盐水漂洗果实，除去漂浮病果，可减轻贮藏期病害发生 4.贮藏库房及麻袋等物品，应做好清洁消毒工作，可用硫黄、溴甲烷等密封消毒，待药味消失后再使用 5.栗实贮藏前，还可用50%甲基硫菌灵或50%多菌灵可湿性粉剂500倍液加0.05%2，4–D浸栗实3分钟，然后晾干贮存，可防治以上4种果实病害 6.果实采收后，刮治树干上的干枯病病疤，刮后涂抹30%福美胂·腐殖酸可湿性粉剂30～40倍液，或涂抹托布津·福美胂油膏等；同时树体上喷布0.3～0.5波美度的石硫合剂，或45%晶体石硫合剂100～150倍液 7.大金发藓发生严重的果园地面上都生有大量金发藓，可喷布草甘膦常规用量防除；老树树干下部粗皮较厚可以试用，如果对树没影响，再推广使用

二、板栗害虫及防治

1. 豹纹斑螟 *Dichocrocis punctiferalis* Guenee

又名桃蛀螟。成虫体长12毫米，翅展约27毫米，橙黄色。体背与翅面散生许多大小不一的黑斑，一般胸背有7个黑斑，前翅有25～28个黑斑，后翅15～16个，似豹纹，故名“豹纹斑螟”。

卵为椭圆形，初产时乳白色，渐变为橘红色至红褐色，表面粗糙，布满细微圆点。幼虫体长22毫米，体色多变，有灰白色、淡褐色或暗紫红色。各体节有粗大的灰褐色至黑褐色瘤突。幼虫蛀食嫩茎、栗蓬和果实，成虫喜食花蜜。

栗蓬被害状（右）和健蓬

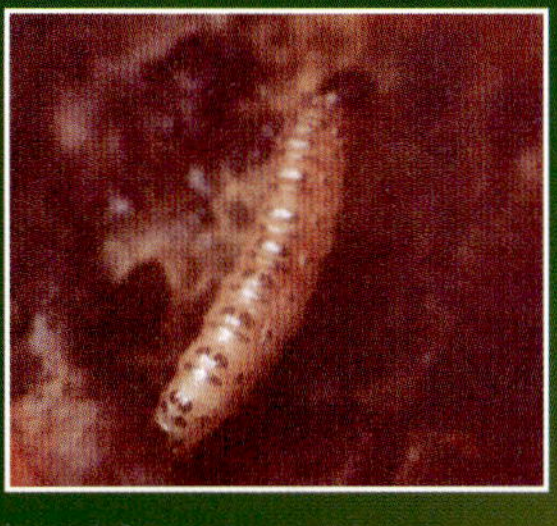

幼虫

成虫

2. 栗雪片象 *Niphades castanes* Chao

成虫体长8～9毫米，被浅褐色短毛。喙管弯曲，较短粗，触角着生在喙管前边。鞘翅褐色，基部有很多铁锈色与白色相间的小斑点，端部有1条白带状纹，翅鞘上有多条纵向黑色瘤状突起。

卵圆形，直径为0.9毫米，米黄色。幼虫体长约10毫米，体弯曲，白色，头褐色，足退化。幼虫早期蛀食栗蓬，栗实灌浆后，幼虫蛀入栗实为害种仁，造成早期落果。

幼虫为害栗实状

幼　虫

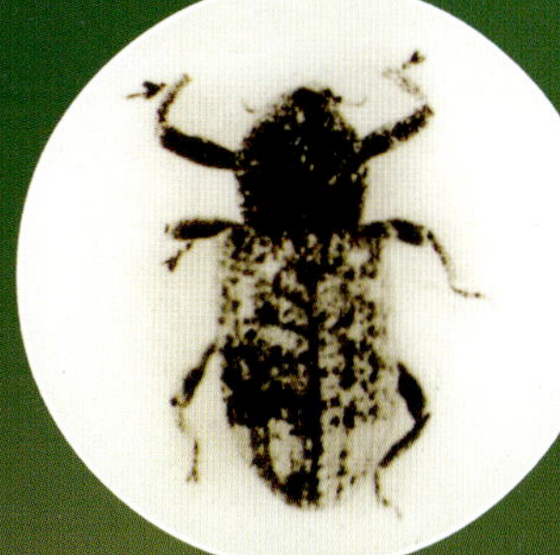

成　虫

3. 栗实蛾 *Laspeyresia splendana* Hubner

又名栗子小卷蛾。成虫体长7～9毫米，翅展5～18毫米，灰色或银灰色。前翅暗灰色，前翅前缘有5对白色斜纹，后缘中部有4条白色波状纹，斜向顶角。后翅灰褐色。

卵扁圆形，长1毫米，略隆起，白色半透明。幼虫体长13～20毫米，圆筒形，头黄褐色，前胸背板及臀板淡褐色，胴部乳白色。幼龄幼虫取食栗蓬，幼虫稍大蛀入果实内为害种仁，其为害性同栗实象。

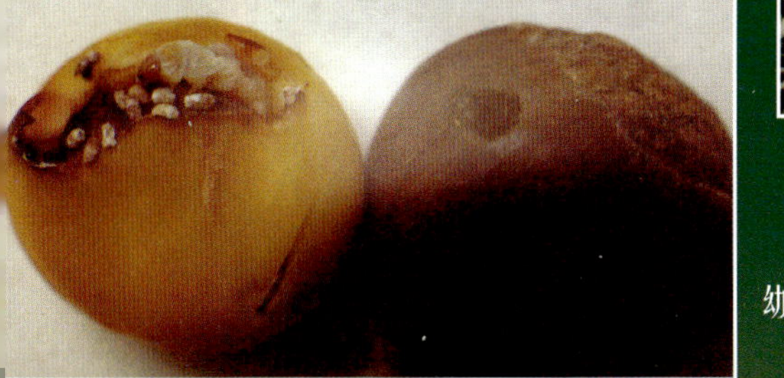

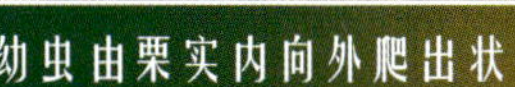

幼虫由栗实内向外爬出状

幼虫为害果仁并排出虫粪（左）及出果孔

4. 栗实象 *Curculio davdi* Fairmaire

又名栗鹬象甲。成虫体长7～9毫米，雄虫体略小，紫黑色，被灰白色鳞片．触角曲肱状11节，雌虫头管长，雄虫的较短，触角分别着生于头管近基部1/3处和头管的1/2处。头部和前胸交接处有1个白色鳞斑，鞘翅前缘近肩角处及翅鞘中部各有1条白色横带。

卵椭圆形，表面光滑，初产时白色透明，孵化前为乳白色。幼虫体长8～12毫米，头黄褐色，胴部乳白色，多横皱，粗胖弯弓形。幼虫蛀入果内取食种仁，并排泄大量虫粪，而且被害果又易腐烂，不堪食用。

幼虫（左）及为害状

栗实外部幼虫为害状及排出的虫粪

幼虫头部钻入果仁内正在为害

5.栗皮夜蛾 *Characoma ruficirra* (Hampson)

又名栗洽夜蛾。成虫体长10～18毫米，翅展15～26毫米，黑色。触角丝状，复眼黑色。前翅前缘有1个近三角形黑斑，后缘中部有1个黑色眼状斑纹。内横线为黑色双线；亚外缘线与中横线之间为灰色。后翅淡灰褐色。

幼虫体长12～16毫米，褐色或绿色，中胸背面横排6个毛片，胴部4～10节背面各有4个毛片排列成梯形。蛹体长8～10毫米，长椭圆形，黄褐色，体外被1层白粉。茧纺锤形，长约11毫米，白色，外附黄色绒毛。幼虫为害叶片和栗果，被害叶成孔洞和缺刻，被害果果肉可全被吃空，蓬刺变黄、干枯。

成　虫（长野县农政部供）

6. 褐带长卷蛾 *Homona coffearia* Meyrick

又名柑橘长卷蛾。成虫体长6～10毫米，翅展16～30毫米，暗褐色。前翅基部黑褐色，中带宽、黑褐色，由前缘斜向后缘，顶角深褐色。后翅淡黄色。雌翅较长伸出腹部，雄翅较短仅盖腹部。幼虫体长20～23毫米，体黄色至灰绿色，头和前胸黑褐色至黑色，头与前胸相接处有1条较宽的白带。以幼虫卷叶和蛀果为害。为害嫩叶时，常吐丝缀合3～5片叶于内食害，将叶食成缺刻和孔洞；蛀入果内常吃空果仁，留有大量虫粪，失去食用价值。

为害状

幼 虫

7. 栗白小卷蛾 *Cydia kurokoi* (Amsel)

成虫翅展约17毫米，头顶丛毛栗褐色，触角褐色。前翅底色灰白，前缘有1列成对的白色钩状纹，基斑褐色夹杂白色鳞片，中带白色，夹杂褐色鳞片，中带外侧由顶角斜向后缘1/3处有1条深褐色斜条斑。后翅淡褐色。幼虫体绿色，胸部白色。以幼龄幼虫食害嫩叶、新芽，幼虫稍大卷叶或平叠叶片，食叶肉呈纱网状；大龄幼虫食叶呈孔洞或缺刻，或将叶片食光。

成 虫

幼 虫

8. 板栗刺蛾（暂名、待定）

幼虫体有红、白、黑、褐色花纹，胸部和臀部各有2对大型枝刺，刺上生毒毛，背线灰白色，每节两侧各有1对灰白色弧形纹，在背线和弧形纹之间靠前缘各有1个褐色瓜子形小斑，腹部两侧各有3个卵圆形大斑，前后2个较大呈灰白色，中间1个较小呈黄褐色，靠近气门和腹末的斑最大。幼虫蚕食叶片，食成缺刻和孔洞。

幼虫为害状

幼虫侧面观

幼虫正面观

9. 枣刺蛾 *Phlossa conjuneta* (Walker)

又名枣奕刺蛾。成虫体长约14毫米，翅展28～33毫米，红褐色或棕色。前翅棕褐色，中央有1个梭形黑点，近外缘有2块似哑铃形红褐色斑，外缘中部有1个近三角形红褐色斑。后翅黄褐色。

幼虫体长16～21毫米，体背浅黄绿色，每节背部有1个绿云纹，各体节有4个红色枝刺，其中胸部4个、中部2个、尾部2个枝刺较大。初孵幼虫在叶背食叶成网状，幼虫稍大时将叶片吃成缺刻和孔洞。

成 虫

幼 虫

幼虫为害状

10. 桑褐刺蛾 *Setora postornata* (Hampson)

雄成虫

又名褐刺蛾。成虫体长约14毫米，翅展39毫米，灰褐色。前翅灰褐色带紫，前缘离翅基2/3处向基角和臀角各伸出1条暗褐色弧线，臀角附近有1个近三角形紫铜色斑；前缘内半部和外缘灰白色。

幼虫体长24～35毫米，黄绿色。背线蓝色，每节上有蓝黑色至深蓝色的斑点4个。亚背线分黄色型和红色型2类，黄色型枝刺黄色，红色型枝刺紫红色。以幼虫蚕食叶片呈孔洞和缺刻。

幼虫为害状

幼虫

11. 双齿绿刺蛾 *Latoia hilarata* (Staudinger)

又名棕边绿刺蛾。成虫体长约10毫米，翅展25毫米。头、胸绿色，腹部黄色。前翅绿色，基斑褐色，在中室下缘呈角状外突，外缘带棕色与外缘平行内弯，其内缘有1大1小2个齿突，故名“双齿绿刺蛾”。后翅黄色。

成虫（右雄左雌）

幼虫为害状

幼虫体长约17毫米，粉绿色，头顶有2个黑点。背线天蓝色，两侧有较宽的杏黄色线。除体侧和尾棘刺外，每1个棘刺顶端有1簇黑刺毛。腹末有4个黑色绒球状毛丛。低龄幼虫群集叶背啃食下表皮和叶肉，三龄后分散为害，食成孔洞和缺刻。

12. 黄刺蛾 *Cnidocampa flavescens* (Walker)

成 虫

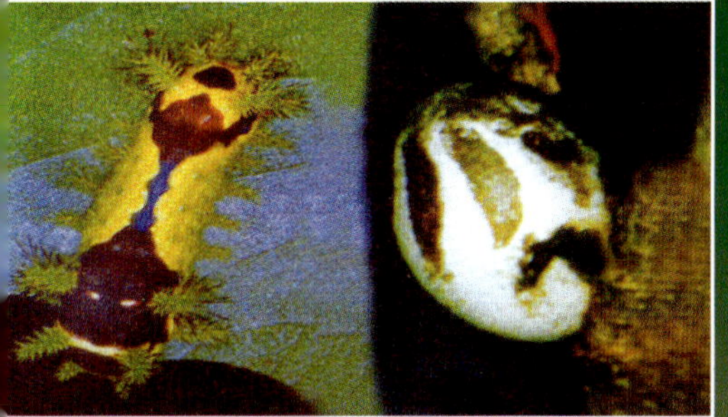

幼虫（左）和茧（右）

成虫体长13～17毫米，翅展30～37毫米，雄蛾较小，橙黄色。前翅黄褐色，顶角有1条细斜线伸向翅的后方，斜线内区翅面为黄色，外区为棕色，黄色区有2个黄褐色圆斑，棕色区有1条褐色细线。

幼虫体粗壮，长约23毫米，头较小，隐藏于前胸下，从第二腹节以后各节有2对横列的枝刺，体背面有1紫褐色大斑，前后宽大，中部狭细。蛹椭圆形，粗壮，淡黄褐色。茧灰白色，石灰质，表面有数条纵花纹，极似雀蛋。幼虫常把叶片吃成孔洞和缺刻。

13. 山楂绢粉蝶 *Aporia crataegi* (Linnaeus)

又名梅白蝶。成虫体长22～25毫米，翅展58～70毫米，黑色。触角棒状，黑色。雌虫的前后翅略呈灰白色，前翅鳞粉稀薄，呈半透明。雄虫的前后翅白色，中室外缘横脉粗而显著，密布鳞粉。前翅外缘除臀脉外，各脉末端都有1个三角形黑斑。

卵纺锤形，直立，表面有纵钩相间。初产时金黄色，后为淡黄色。幼虫体长40～45毫米，灰黑色，胴背有3条黑色宽纵带，其间有2条黄褐色纵带。体上密生黄白色细短毛和许多小黑点。蛹体长25.4毫米，灰白色，散布黑点。头部的瘤突黄色，复眼上缘有1黄斑，腹面有1条黑色纵带。以幼虫食害芽、叶和花器。

成虫

成虫栖息状

幼虫群为害状

蛹

蛹被蛹茧蜂寄生状

14. 茶蓑蛾 *Clania minuscula* Butler

又名小袋蛾。雌成虫蛆形，无翅、无足，体长10～16毫米，黄白色至黄色。胸部略弯，有黄褐色斑。腹部肥大，末端尖。雄成虫体长10～15毫米，翅展22～30毫米，褐色。触角丝状，胸背有2条白色纵纹。前翅翅脉两侧颜色深，顶角下部有1个近方形透明小斑。

幼 虫

幼虫体长20～35毫米，米黄色，头淡褐色至深褐色，有褐色网状斑纹。胸背有2条褐色纵带，各节纵带外侧各有1个褐色斑。各腹节背面有4个黑色突起，排成“八”字形。以幼虫食害叶片、嫩枝表皮。

蓑 囊

15. 大蓑蛾 *Clania variegata* Snellen

又名大袋蛾。雄成虫体长18毫米，翅展约40毫米，黑褐色。触角羽状。前翅端部各有2个近楔形的透明斑，2斑之间颜色较暗。雌成虫体形幼虫状，长26毫米，体软，淡黄色或乳白色，表皮透明，翅及足均退化。

幼虫体长约35毫米，头部赤褐色，头顶有环状斑，胸部有4列赤褐色斑，腹部背面有深褐色、淡黄色相间的斑纹，表面有皱纹。老熟幼虫袋囊长40～70毫米，丝质坚实，囊外附有较大碎叶片。以幼虫取食叶片及嫩梢，虫量大时可将全株叶片吃光。

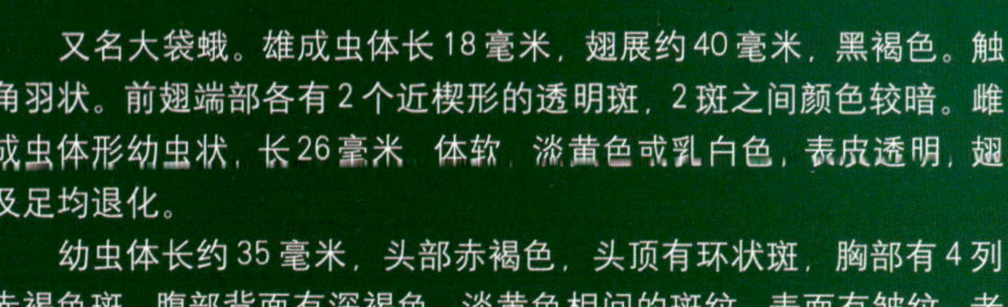
雄成虫

幼　虫

蓑　囊

16. 金纹细蛾 *Lithocolletis ringoniella* Matsumura

幼虫为害状

幼虫

成虫体长约2.5毫米，翅展6.5毫米，全身金黄色。头部银白色，顶端有2丛金色鳞毛，触角丝状，复眼黑色。前翅狭长，上有银白色细纹，金、银纹之间夹有黑线。

卵扁椭圆形，长0.3毫米，初产时乳白色，半透明，后变为褐色。幼虫体长5～6毫米，呈细纺锤形，黄色，头尾略发白。胸足及尾足发达，3对腹足，不发达。幼虫潜叶为害，从叶背表皮下蛀食叶肉，叶面呈现网眼状黄白色小斑点，叶背表皮鼓起皱缩。

17.板栗潜叶蛾 *Lyonetia prunifoliella* Hudner

成虫体长3～4毫米，翅展10毫米，分夏型和冬型。夏型成虫银白色，前翅狭长，近端部有1个半圆形橙黄斑，斑外缘有1个扁圆形黑斑；围绕橙黄斑有放射状黑纹9条。冬型成虫前翅前缘基半部有黑色波状纹，近端部的橙黄斑不明显，其他同夏型成虫。

幼虫及排出的虫粪

幼虫体长4.8～6毫米，稍扁，黄色或淡绿色，头、尾黄褐色，4对胸足，细小。幼虫多从叶缘潜入叶内食害叶肉，初期虫道细线状，逐渐由细变粗，最后形成不规则枯黄色大斑。

幼虫为害状及虫疤内的虫粪

18. 花布灯蛾 *Camptoloma interiorata* Walkr

成虫翅展30～38毫米，橘黄色。头金黄色，腹末红色。前翅黄色，翅面有6条黑线，后缘及臀角上方有红色斑纹，外缘上半部有1个黑纹，外缘下半部的缘毛上有3个黑斑。后翅金黄色。幼虫体长约30毫米，棕红色，体上生短毛。幼虫群集为害叶片，食叶呈孔洞和缺刻，多在树皮上筑巢，春季为害甚烈。

成 虫

幼 虫

19. 美国白蛾 *Hyphantria Cunea* (Drury)

又名秋幕毛虫。成虫体长12～17毫米，翅展28～38毫米，白色。雌虫触角锯齿状，褐色，前翅通常无斑点。雄虫触角双节齿状黑色，前翅散生淡褐色斑点。

卵圆球形，绿色，数百粒单层排列于叶背。老熟幼虫体长20～30毫米，头黑色，身体具橙黄色毛瘤，上生灰白色长毛。初龄幼虫吐丝结网，群集为害，四龄后分散为害。幼龄幼虫啃食叶肉残留表皮呈白膜状，幼虫稍大食叶呈缺刻和孔洞，甚至吃光叶片。

雌成虫

幼 虫

20. 灿福蛱蝶 *Fabriciana adippec* (Denis et schiffermüller)

又名灿豹蛱蝶。成虫翅橙黄色，前后翅的黑色圆斑大而稀疏，后翅外缘的黑色纹成“M”形。雌虫翅色较深，顶角黑褐色，内有2个橙黄色斑，内外侧有几个小白斑。雄虫翅色较浅，前翅在肘脉$_1$或肘脉$_2$上有2条性标，后翅在亚外缘1列黑斑中的中脉$_1$和中脉$_3$室中各有1个小黑点。幼虫为害叶片，成虫喜食花蜜。

雌成虫翅背

雄成虫

雌成虫

21. 盗毒蛾 *Porthesia similis* (Fueszly)

又名黄尾毒蛾。成虫体长14～18毫米，翅展35～40毫米，雌虫较大，白色。前翅后缘近臀角处和近基部各有1条黑褐色斑纹，但雄虫翅基的斑纹不明显。雌虫腹部肥大，末端有金黄色毛丛。雄虫腹部较瘦，后半部被黄毛。

卵为球形，橙黄色，长约1毫米，数十粒排成长袋形卵块，表面覆有黄色鳞毛。幼虫体长约40毫米，黑褐色，体背有金黄色、红褐色、白色和红黄色纵条带。各节两侧着生毛瘤，胸部毛瘤红色，其余毛瘤黑色，瘤上有不同颜色的短毛。幼虫食害幼芽和叶片，叶片被害状同板栗毒蛾。

雄成虫

雌成虫

22. 板栗毒蛾 *Lymantria mathura* (Moore)

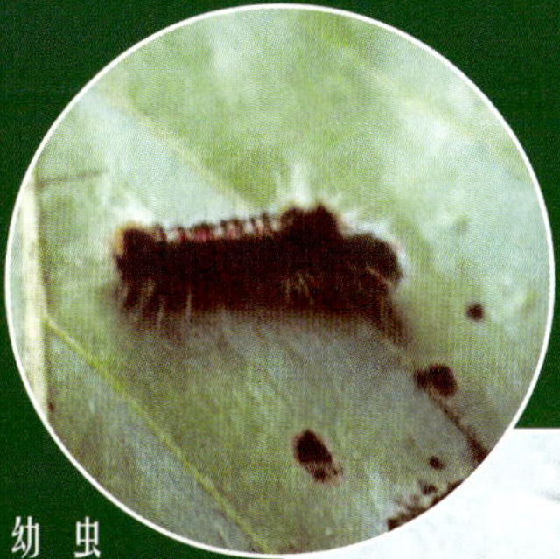

又名栎毒蛾。成虫翅展45～95毫米，雄虫略小。雄虫前翅灰白色，内横线在中部外拱，中室有1个圆斑，横脉黑褐色，新月形，亚端线由1列新月形斑，端线由1列小黑点组成。雌虫前翅白色，前缘及外缘粉红色，内、中、外3条横线锯齿状，棕褐色，端线由1列棕褐色点组成，缘毛粉红色。

幼虫体长50～55毫米，黑褐色，前胸和背线白色，后段枯黄色，背中线两侧各节有1对肉瘤，纵行2排，上生黑色毛丛。各体节两侧各生肉瘤1排，第一节2丛毛特长，黑白混杂，第十一节生6丛长毛。幼虫取食叶片，吃成孔洞和缺刻，严重时可将叶片吃光。

幼 虫

成 虫

23. 舞毒蛾 *Lymantria dispar* (Linnaeus)

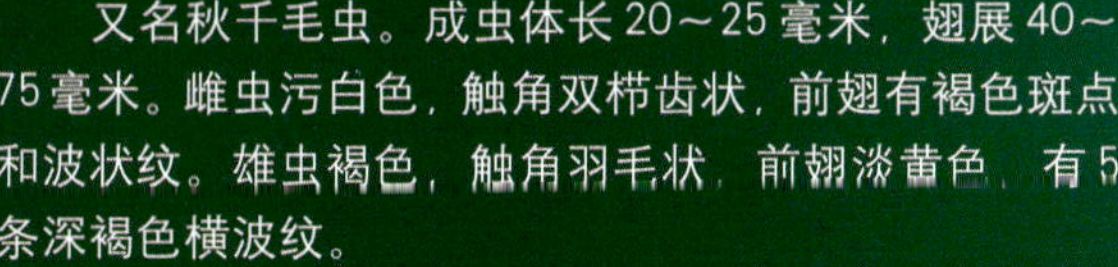

又名秋千毛虫。成虫体长20～25毫米，翅展40～75毫米。雌虫污白色，触角双栉齿状，前翅有褐色斑点和波状纹。雄虫褐色，触角羽毛状，前翅淡黄色，有5条深褐色横波纹。

卵扁圆形，初为灰白色，后变为紫褐色，卵块上覆盖黄褐色毛。低龄幼虫黄褐色，老龄幼虫暗褐色，头淡褐色，有一“八”字形黑纹，体背有2列毛瘤，上生长毛。小幼虫将叶食成孔洞，老幼虫可将整叶吃光。

幼虫

雌成虫

雄成虫

24. 折带黄毒蛾 *Euproctis flava* (Bremer)

雌成虫

成虫体长15～18毫米，翅展35～40毫米，雄虫略小。前翅黄色，中部有1条棕褐色宽横带，从前缘外斜至中室后缘内斜止于后缘，形成"V"字形折带，故名"折带黄毒蛾"。翅顶区还有2个棕褐色圆点。

幼虫体长30～40毫米，体黄色或橙黄色。头、胸、尾部及腹部第三至第五节背部黑色，腹部两侧散生大小不同的圆形黑毛瘤。幼虫啃食芽、叶和枝条嫩皮。

雄成虫

幼虫及正在为害状

25. 大茸毒蛾 *Dasychira thwaitesi* (Moore)

成虫体长21～26毫米，翅展70～76毫米。触角羽毛状。前翅灰白色，散布黑褐色小鳞点，由鳞点排成不明显的外线，外线有黑褐色斑。后翅白色。

幼虫体长约47毫米，体灰白色或灰绿色，被黄色长茸毛，第一至第四腹节背面有4丛黄白色毛刺，在第一和第二腹节背面节间有1个深黑色大斑，第八腹节背面中央有1束柠檬黄色长毛斜伸后方。以幼虫为害叶片，吃成缺刻和孔洞，或食光叶片。

成虫

幼虫

幼虫为害状

26. 旋古毒蛾 *Orgyia thyellina* Butler

幼 虫

又名白纹毒蛾。成虫翅展22～42毫米，雄虫略小。雄虫前翅黄褐色，斑纹黑褐色。雌虫前翅黄白色，内区有1个黑褐色椭圆形斑，内横线黄褐色，外横线与亚缘线波状，近臀角有1个白斑。

幼虫体长30～40毫米，体暗褐色。前胸背面两侧各有1个赤色毛瘤，其上生黑色长毛束，向前伸。背线黑色，亚背线鲜黄色。第一至第四腹节背面各有1个淡黄色毛刷，第二腹节两侧各有1束黑色毛；第八腹节背部中央有1束黑褐色长毛向后斜伸。以幼虫为害叶片，形成缺刻和孔洞，甚至吃光叶片。

幼虫侧面观及为害状

27. 银杏大蚕蛾 *Dictyoploca japonica* Butler

成虫体长30～35毫米，翅展100～120毫米，黄褐色、灰褐色至紫褐色。触角雌虫栉齿状，雄虫羽状。前翅前缘近顶角处有1个黑斑，臀角处有白色月牙形纹，中室端部有月牙形透明斑，围有棕褐色环，似眼状，此外有不同颜色的内线、外线和亚端线。后翅中室端有1个圆形大眼状斑。

雌成虫

雄成虫

卵椭圆形，外壳硬，长2～3毫米，灰白色至淡绿色，顶部有1个黑色圆斑。幼虫体长约100毫米，银灰色微带黄绿色，腹线、气门线白色，气门下线至腹线深绿色，各节密生白色长毛，间有黑毛。蛹长36毫米，褐色，头顶中央有纵隆线。茧长椭圆形，暗褐色呈胶质不规则形筛眼状。以幼虫蚕食叶片成缺刻和孔洞，严重时可将叶片吃光，仅留叶柄。

幼虫及为害状

产在墙壁上的卵块

蛹（右）和胶质网状茧

28. 樟蚕蛾 *Eriogyna pyretorum pyretorum*(Westwood)

成虫体长28～32毫米，翅展80～100毫米，体、翅灰褐色。前翅基部暗褐色，三角形；顶角外侧有2条紫红色纹，内侧有2条黑短纹；前后翅中央各有1个中心透明、外缘蓝黑色或褐色眼斑。

卵筒形，乳白色，长径2毫米，卵块上覆1层灰褐色毛。幼虫体长80～100毫米，黄绿色，身体各节均有毛瘤，第一胸节有6个，其余各节8个，瘤上着生棕色硬刺。幼虫为害状同银杏大蚕蛾。

成 虫

29. 绿尾大蚕蛾 *Actias selene ningpoana* Felder

成 虫

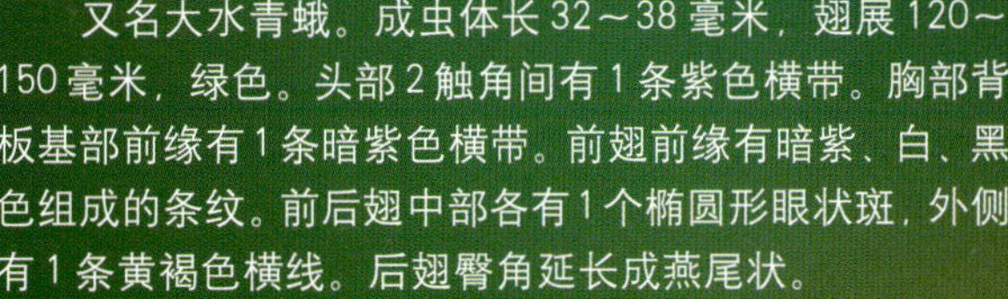

又名大水青蛾。成虫体长32～38毫米，翅展120～150毫米，绿色。头部2触角间有1条紫色横带。胸部背板基部前缘有1条暗紫色横带。前翅前缘有暗紫、白、黑色组成的条纹。前后翅中部各有1个椭圆形眼状斑，外侧有1条黄褐色横线。后翅臀角延长成燕尾状。

卵扁圆形，长约0.2毫米，初产时绿色，后变为褐色。幼虫体长80～100毫米，黄褐色，各体节近六角形，每节有4～8个绿色或橙黄色毛瘤，瘤上生数根黄褐色短刺与白色刚毛，气门线由红、黄色2条组成。蛹体长约43毫米，椭圆形，紫黑色，额区有2个浅色斑。以幼虫蚕食叶片，形成缺刻和孔洞，严重时常把叶片吃光，仅留叶柄。

幼虫及为害状

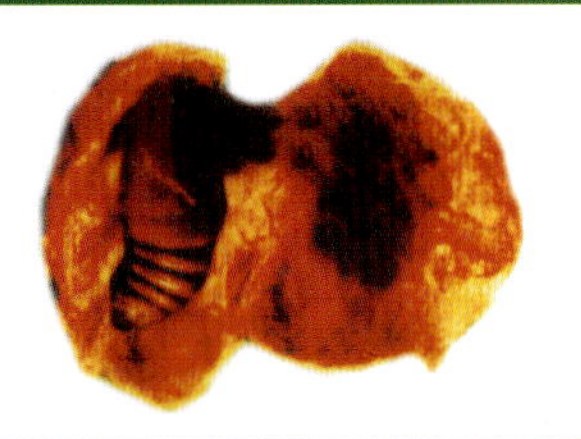

蛹及剥开的丝织茧

30. 樗蚕蛾 *Philosamia cynthia* Walker et Felder

又名小桕蚕。成虫体长20～30毫米，翅展115～125毫米。头部及体背有白线及白点。翅褐色，顶端粉紫色，有1个黑色眼状斑，斑的上边有白色弧形纹；前、后翅中央各有1个月牙形深褐色斑，中央半透明；翅中央还有1条粉红色和白色构成的贯穿全翅的宽带。

预蛹（右上左）、
蛹（右上右）和茧（左）

幼虫

卵扁椭圆形，长1.5毫米，灰白色，表面有褐色斑。幼虫淡黄色，有黑斑点，或全体有白粉，体背有6列排列有序的枝刺。蛹棕褐色，长26～30毫米，宽14毫米。茧灰白色，两端尖，常半面粘有叶片，悬吊在枝条上。幼虫孵出后先群集在一起取食叶片，以后再分散为害，被害状同绿尾大蚕蛾。

成虫刚羽化尚未展翅

成虫展翅后呈黑褐色

成虫羽化1天后呈棕褐色

31. 木橑尺蠖 *Culcula panterinaria* (Bremer et Grey)

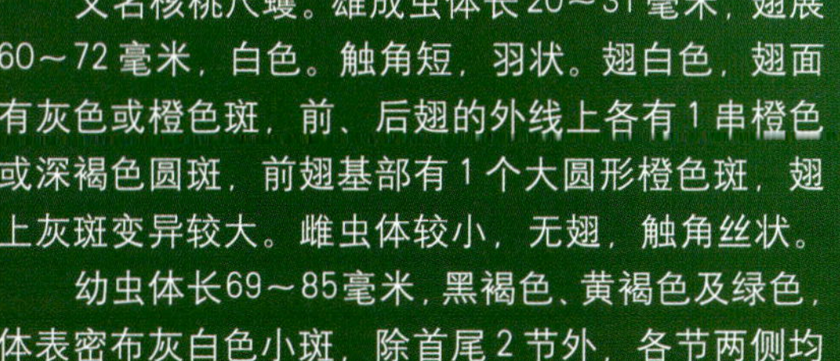

又名核桃尺蠖。雄成虫体长20～31毫米，翅展60～72毫米，白色。触角短，羽状。翅白色，翅面有灰色或橙色斑，前、后翅的外线上各有1串橙色或深褐色圆斑，前翅基部有1个大圆形橙色斑，翅上灰斑变异较大。雌虫体较小，无翅，触角丝状。

幼虫体长69～85毫米，黑褐色、黄褐色及绿色，体表密布灰白色小斑，除首尾2节外，各节两侧均有1个灰白色圆斑。以幼虫为害叶片和嫩梢，低龄幼虫啃食叶肉残留表皮呈白膜状，稍大食叶成缺刻和孔洞，大发生时常把整树叶片吃光。

成 虫

幼 虫

幼龄幼虫为害状

32.苹掌舟蛾 *Phalera flavescens* (Bremer et Grey)

成 虫

成虫体长22～25毫米，翅展约50毫米。前翅中部有4条不明显的浅褐色波纹，近基部有银灰色和紫褐色各半的圆形斑纹，靠近外缘有6个同色椭圆形斑纹，横列成带状，顶角上方有2个不甚明显的小黑点。后翅浅黄白色，近外缘处有1条褐色横带。

卵为圆形，直径1毫米，黄白色，近孵化时灰褐色。幼虫体长50～55毫米，紫红色。头部黑褐色，胴部紫黑色，体上生黄白色长毛，体侧有紫红色并稍带黄色的条纹。初龄幼虫啃食叶肉，仅留表皮，呈箩底状，稍大可将叶食成缺刻，或仅残留叶柄。

幼 虫(长野县农政部供)

33. 黄二星舟蛾 *Euhampsonia Cristata* Butler

又名黄二星天社蛾。成虫体长28～30毫米，翅展65～88毫米，全体黄褐色。头灰白色，触角栉状。前翅有3条暗褐色横线，内横线微曲，外横线较直，中横线呈松散带形。横脉纹由2个大小相同的黄白色小圆点组成，外缘脉呈月牙形缺刻。后翅黄褐色。

卵为圆形，褐色，常3～4粒堆在一起。幼虫体长约70毫米，头较大，体粉绿色，第一至第七腹节气门上侧有1条浅黄白色斜线，每一斜线伸至后1节。以幼虫食叶，将叶食成孔洞和缺刻，严重时将叶片吃光。

成虫

34. 栗掌舟蛾 *Phalera assimilis* (Bremer et Grey)

又名栎掌舟蛾。成虫翅展44～60毫米，雌虫较大，前翅灰褐色，前缘顶角处有1个略呈肾形淡黄色大斑，斑内缘有棕色边，基线和外线呈黑色锯齿状。后翅淡褐色。

幼虫体长约55毫米，头黑色，体暗红色，老熟时黑色。体被较密的灰色至黄褐色长毛。体上有8条橙红色纵线，各体节又有1条橙红色横带。以幼虫食害叶片，把叶片食成缺刻和孔洞，严重时将叶片食光，残留叶柄。

幼虫

幼虫为害状

35. 栗黄枯叶蛾 *Trabala vishnon* Lefebure

又名绿黄枯叶蛾。雌成虫翅展60～96毫米，前翅淡黄绿色，内横线、外横线、亚缘线黄褐色或黑色，靠中室端部有1个近圆形黑褐色小斑，从中室后斜向翅的后缘中部有1个黄褐色大斑。后翅有2条黄褐色横纹。雄成虫体较小，翅绿色，内、外横线深绿色，外缘线黄白色。

幼虫体长65～84毫米，密生长毛。头黄褐色，前胸背板两侧各有1个黑色瘤状突起，上生1束黑色长毛，伸向头的前方。在腹部第三至第九节各有1个黑色"8"字纹。以幼虫食害叶片，造成孔洞和缺刻，严重时将叶片食光。

雌成虫

雄成虫

36. 板栗瘤蛾 *Sarbena lighifera* (Walker)

成虫体长7～10毫米，翅展21～23毫米，灰黄色。前翅黄褐色，前缘及后缘黑色，中室端部至外缘处有深褐色条纹。后翅灰白色。

卵白色，扁圆形，四周具纵脊，形如蒲团。幼虫体长14～16毫米，淡黄色，头部布满黑褐色斑块，胸部具多数毛瘤，每个毛瘤上有1小撮白色长毛簇，盖住虫体似一团棉球。4对腹足。幼虫取食叶片，形成孔洞和缺刻，严重时吃光叶肉，仅留叶脉。

幼 虫

幼虫体被白色长毛由小至大排成1串

幼虫为害状

37. 板栗钩蛾（暂名、待定）

幼虫灰褐色，头顶有1对角状突起，腹背有1个锤状灰白色大斑，臀背有1个卵形灰白色大斑，斑内有褐色纹，在2斑中间背部两侧各有1个近三角形灰白色斑，在锤形斑顶部有“V”字形白纹，无臀足，尾节有1个长肉刺。受惊时，头、尾翘起颇似舟形毛虫。以幼虫蚕食叶片，常把叶片吃成孔洞和缺刻。

幼虫

幼虫侧面观

幼虫为害状

38. 光背锯叶甲 *Clytra laeviuscula* Ratzeburg

又名黄背锯角叶甲。成虫长方形，长约11毫米，体黑色。头部刻点粗密，中室有1个深窝，头顶和腹部密被银白色毛。小盾片长三角形，黑色。鞘翅黄色至棕色，肩角处有1个圆形或方形黑斑，中部稍后有1个宽横斑。成虫、幼虫食害叶片，可将叶片吃成缺刻和孔洞。

成虫

成虫交尾状

为害状

39. 金龟子

苹毛丽金龟 *Proagopertha lucidula* Faldermann

又名长毛金龟子。成虫卵圆形，长9.6～12毫米，雄虫较小。头、前胸及小盾片紫铜色。鞘翅茶褐色或棕黄色，半透明，由翅鞘上可透视出后翅折叠成“V”字形。除鞘翅无毛外，其余各部均被淡灰黄色长绒毛，故名“长毛金龟子”。腹部每节两侧有黄白色毛丛。

成虫正面观

成虫侧面观

小青花金龟 *Oxycetonia jucunda* Faldermann

又名小青花潜。成虫体长10～17毫米，暗绿色。触角赤褐色。前胸背板有2个黄色小斑。前胸背板和鞘翅暗绿色，密生黄绒毛。鞘翅上散生6个黄白色斑。臀部背板上有4个白斑。

成 虫

褐锈花金龟 *Poegilophilides rusticola* Burmelster

成 虫

又名褐锈花潜。成虫体长14～16毫米，体较宽，背腹扁平，黄褐色。头近方形，中央有1个黄褐色梨形斑。鞘翅上有不规则黑色花斑。前足胫节外侧具3齿。

四纹丽金龟 *Popillia quadriguttata* (Fabricius)

成 虫

又称中华弧丽金龟。成虫体长约10毫米，头、前胸背板、小盾片青铜色或紫铜色。前翅大部分赤褐色或黄褐色，外缘、后缘有铜绿色或紫铜色带。腹部1～6节两侧各有1个白色毛斑，臀板有1对白色鳞斑。

小云斑鳃金龟 *Polyphylla gracilcornis* Blanehard

成 虫

成虫长椭圆形，体长25～30毫米，茶褐色或赤褐色。鞘翅褐色，密布不规则白色或黄白色鳞状毛，呈云斑状。雄虫前足胫节外侧有1个齿突，雌虫前足胫节外缘有3个齿突，末端均有2个大距。

前3种金龟子主要为害花器和叶片，有时将花器食光；后2种金龟子主要为害叶片，严重时将叶片吃光。

40. 栗大蚜 *Lachnus tropicalis* (Van der Goot)

又名板栗大黑蚜。有翅胎生雌成蚜体长3～4毫米，翅展13毫米，体黑色。翅褐色，翅脉黑色，前翅端部有3个白斑，其中2个位于前缘近顶角处。无翅胎生雌成蚜体长3～5毫米，黑色，密生细毛，腹部肥大，腹管短小，足细长。

卵长椭圆形，长径约1.5毫米，初产时暗褐色，后变为黑色，有光泽。若蚜体形与无翅胎生雌成蚜相似，但体小，色淡，腹管痕迹明显。有翅若蚜胸部发达，后期长出翅芽。成蚜和若蚜群集枝梢和叶背刺吸汁液，影响新梢和栗果生长。

有翅胎生雌成蚜和若蚜

无翅胎生雌成蚜

越冬卵块

群集为害状

41. 栗斑蚜 *Castanocallis castanocallis* zhang

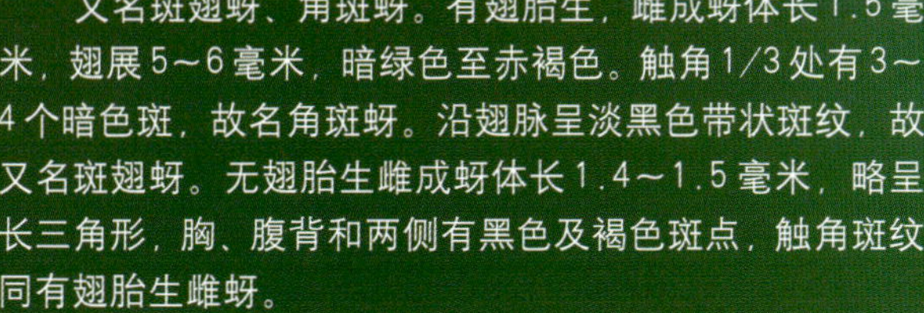

又名斑翅蚜、角斑蚜。有翅胎生，雌成蚜体长1.5毫米，翅展5～6毫米，暗绿色至赤褐色。触角1/3处有3～4个暗色斑，故名角斑蚜。沿翅脉呈淡黑色带状斑纹，故又名斑翅蚜。无翅胎生雌成蚜体长1.4～1.5毫米，略呈长三角形，胸、腹背和两侧有黑色及褐色斑点，触角斑纹同有翅胎生雌蚜。

卵椭圆形，长0.4毫米，墨绿色。若蚜体与无翅胎生雌成蚜相似，初龄绿褐色，稍大时暗绿色并出现黑斑，头胸部棕褐色，腹背有4簇白粉，胸部发达，有翅芽。以成蚜和若蚜刺吸叶片汁液，使被害部扭曲变形，同时分泌蜜露，引起霉污病发生。

有翅胎生雌蚜

无翅胎生雌蚜

42. 大青叶蝉 *Tettigella viridis* (Linnaeus)

又名大绿浮尘子。成虫体长7.2～10.1毫米，绿色。头橙黄色，顶端有2个黑点，前胸前缘黄绿色，后半部深青绿色。前翅绿色，前缘淡白色，端部透明。后翅烟黑色，半透明。

成 虫

成虫产卵状

卵长卵圆形，长约1.8毫米，黄白色，一端趋细，中间稍弯曲。7～8粒排列成月牙形卵块。若虫共5龄。一龄若虫体长1.6毫米，灰白色。三龄若虫体长3.3毫米，体色较深，头大腹小，胸、腹部背面有4条暗褐色条纹。五龄若虫体长约7毫米，前翅翅芽超过第二腹节。成虫和若虫除刺吸汁液为害外，成虫以其锯状产卵器刺破树皮产卵，产卵处呈月牙状突起，待卵孵化后，树皮翘裂失水，枝条易抽干。

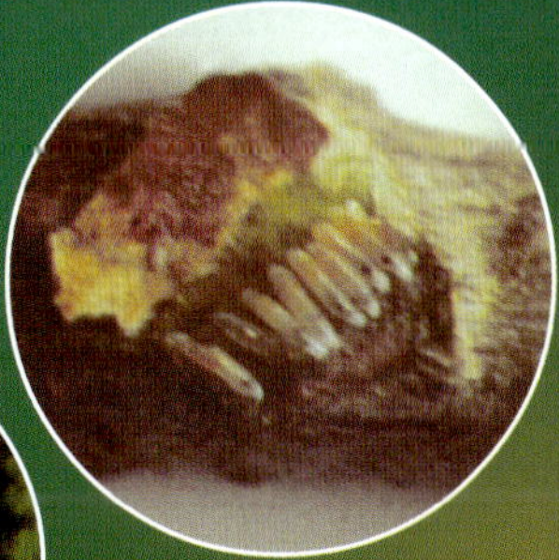

卵块

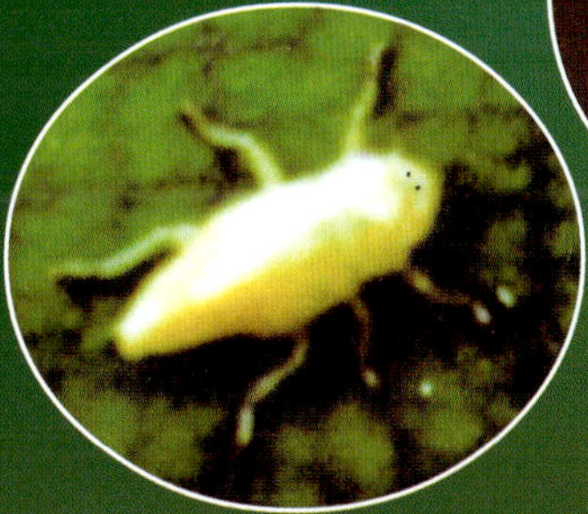

若虫

为害状（月牙形产卵痕）

43. 斑衣蜡蝉 *Lycorma delicatula* (White)

成虫（左雌右雄）

又名樗鸡。成虫体长 14～22 毫米，触角红色，歪锥状。前翅革质，基半部淡褐色，有 10～20 个黑斑，端半部黑色。后翅膜质，基部鲜红色，有 6～8 个黑斑，端部黑色，

卵长圆柱形，褐色，长约 3 毫米，平行排列，上覆土色物。幼龄若虫体背黑色，有多数白斑，头尖足长，善跳。末龄若虫体背红色，有白斑；足黑色，也有白斑。停立时似公鸡，故名樗鸡。成虫和若虫刺吸寄主汁液，致使叶片萎缩、枝条畸形，并分泌露状物，易招致霉污病发生。

卵 块

幼龄若虫

四龄若虫

44. 栗大蝽 *Eurostus validus* Dallas

又名硕蝽。成虫体长23～31毫米，宽11～14毫米，长卵形，棕红色。头小，三角形。喙黄褐色，长达中胸中部。触角丝状，黑色，端部橘黄色。小盾片三角形，有皱纹。腹部背面紫红色，侧接缘较宽，蓝绿色，节缝处微红。以成虫和若虫刺吸嫩梢汁液，被害枝梢很快枯萎。

成虫（左雌右雄）

成虫侧面观

45. 茶翅蝽 *Halyomorpha picus* (Fabricius)

成 虫

又名臭椿象。成虫体长约14毫米，体扁平，茶褐色或灰褐色。触角5节，第四节2端黄色，第五节基部黄色。前胸背板前缘有4个黄色小点，小盾片基部有5个横列小点。

卵短圆筒形，灰白色，顶有盖，长约1毫米，常20～30粒排列成块状。初孵若虫红褐色，背面有黑斑。老龄若虫褐色，形似成虫，但无翅，腹部各节背面有黑斑，斑中央两侧各有1个黄褐色小点，腹节两侧各有1个黑斑。以成虫和若虫刺吸叶片、枝条汁液。

卵块和初孵若虫

若 虫

成虫和若虫群集为害状

46. 斑须蝽 *Dolycoris baccarum* (Linnaeus)

又名黄褐蝽。成虫体长8～13毫米，椭圆形，黄褐色。触角丝状，5节，黑、黄色相间。小盾片三角形，淡黄色或黄白色。前翅革质，淡红褐色，膜片黄褐色透明，超过腹末。腹部侧接缘外露，黄、黑色相间。

成 虫

卵长筒形，橘黄色，卵壳有网状纹。初孵若虫黑色。大龄若虫体长约9毫米，暗灰褐色，密布绒毛和刻点，触角4节。成、若虫吸食叶片和嫩梢汁液。

卵块（左下）和若虫（右上）

47. 黑刺粉虱 *Aleurocanthus spiniferus* Quaintance

又名刺粉虱。成虫体长0.9～1.3毫米，橙黄色，被薄白粉。头、胸部黑褐色，触角7节。前翅紫褐色，翅的边缘和翅面有7～8个不规则形白斑。后翅小，淡紫褐色。

卵新月形，淡褐色，卵壳表面有花纹，后部有1个小卵柄。初产时乳白色，后为淡黄色，近孵化时灰褐色。若虫共有3个龄期。背刺随龄期增加而增多，分别是3对、10对和13对。各龄若虫均为黑色，体缘分泌1圈白色蜡状物。成虫和若虫刺吸叶片及嫩枝汁液，同时排泄蜜露，引起煤污病发生。

成虫

若虫群集为害状

48. 栗叶螨 *Oligonychus ununguis* (Jacobi)

成螨和若螨在叶背为害

又称针叶小爪螨、栗红蜘蛛。雌成螨椭圆形，体长0.4～0.5毫米，深紫红色或红褐色，背部两侧各有1个明显的暗红色圆形斑块，背毛粗大，有26根，末端尖细。雄成螨略小，体两端尖细，近菱形。

卵似葱头状，顶端有1根刚毛，卵壳表面有微细放射状刻纹。初产时乳白色，近孵化时变黄红色，越冬卵暗红色。幼螨近圆形，初孵化时淡黄色或淡红色，取食后变为暗红色，并有绿色斑块。若螨椭圆形，浅绿色至暗红色，有褐绿色斑块。4对足。幼、若螨及成螨刺吸叶片和嫩芽汁液，并吐丝结网，被害叶呈现灰白色小斑点。

叶片被害状

49. 栗瘿螨 *Eriophyes castanis* Lu

又名栗叶瘿螨。雌成螨体似胡萝卜状，长160～180微米，宽30～32微米，乳白色或黄白色，半透明，越冬雌成螨香油色。体腹部约60个环节，背板前端宽圆。背毛瘤靠近后缘，毛细小斜向后方，体两侧各节有4根较长的毛，腹末有2根长毛。4对足，前足长，后足短。

卵为圆形，乳白色。为害叶片产生长袋状虫瘿，每片虫瘿多达百余个，致使叶片变小、叶片扭曲，甚至卷缩成头状。

为害叶片产生袋状虫瘿

雌成螨和卵

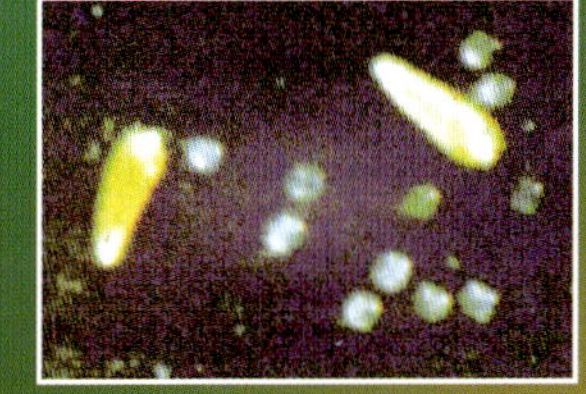

叶片扭曲

叶片变小

叶片缩成头状

50. 栗瘿蜂 *Dryocosmus kuriphilus* Yasumatsu

又名栗瘤蜂。成虫体长2.5～3毫米，黑褐色。头短宽，触角丝状，14节。胸部膨大背面光滑，前胸背板有4条纵隆线，小盾片上翘而稍尖。翅白色透明，翅脉褐色。

瘿内幼虫

虫瘿上产生虫瘿

卵椭圆形，乳白色，一端有丝状卵柄。幼虫体长约3毫米，乳白色，半透明，纺锤形，略弯曲，胴体12节，体表光滑，无足。幼虫为害幼芽和嫩梢。春季被害芽逐渐膨大而形成球形、圆柱形虫瘿，有时虫瘿上生虫瘿，并生畸形小叶，抑制栗树抽枝、开花。

幼 虫

幼虫为害形成的圆球形虫瘿

整个枝条严重受害状

51.云斑天牛 *Batocera horsfieldi* (Hope)

成虫体长57～97毫米，黑褐色或赤褐色。前胸背板中央有1对横列肾状白色毛斑。鞘翅基部1/4处密布黑色颗粒，翅面上具不规则白色云状毛斑，略呈2～3纵行。体腹面两侧从复眼后到腹末有1条白色纵带。

卵长7～9毫米，长椭圆形，略弯曲，白色至土褐色。幼虫体长74～100毫米，黄白色。头1/2缩入前胸，外露部分近黑色。前胸背板橙黄色，两侧白色，上有1个橙黄色半月形斑。后胸和1～7腹节背、腹面具步泡突。蛹长40～90毫米，初为乳白色，后变为黄褐色。以幼虫蛀食树干和主枝，受害主枝常干枯，有的受害主干常被风吹折断、死亡。

成　虫

幼　虫

为害树干状

蛹

52. 栗山天牛 *Massicus (Mallambyx) raddei* (Blessing)

成　虫

幼　虫

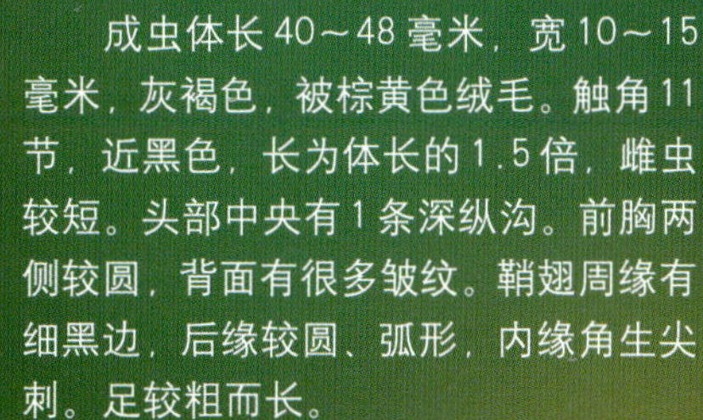

成虫体长40～48毫米，宽10～15毫米，灰褐色，被棕黄色绒毛。触角11节，近黑色，长为体长的1.5倍，雌虫较短。头部中央有1条深纵沟。前胸两侧较圆，背面有很多皱纹。鞘翅周缘有细黑边，后缘较圆、弧形，内缘角生尖刺。足较粗而长。

幼虫体长约70毫米，乳白色。头较小，淡黄褐色。胴体11节，背板淡褐色，前半部有2个“凹”字形纹横裂。小幼虫先蛀食皮层，后蛀入木质部，纵横回旋蛀食，常引起枝干枯死。

幼虫为害状

53. 黑蚱蝉 *Cryptotympana atrata* (Fabricius)

又名蚱蝉。成虫体长约45毫米，翅展125毫米，黑色。前后翅透明，翅基黑色，翅脉淡黄褐色。雄虫腹部第一至第二节有瓣状鸣器，雌虫腹末有矛状产卵器。

卵长椭圆形，长约3毫米，头、尾尖瘦，乳白色，后变为淡黄色。若虫长约35～40毫米，黄褐色，无鸣器。雌成虫用矛状产卵器划破枝条产卵，产卵处开裂呈锯齿状，常引起枯梢。

成虫

若虫（蝉蜕）

为害状

板栗害虫的防治

物候期	发生种类	发生（为害）特点	防治方法
休眠期（11月至翌年2月份）	栗实象、栗雪片象、栗实蛾、豹纹斑螟、栗皮夜蛾、卷叶蛾类、刺蛾类、蓑蛾类、山楂绢粉蝶、金纹细蛾、板栗潜叶蛾、花布灯蛾、灿福蛱蝶、毒蛾类、蚕蛾类、木橑尺蠖、舟蛾类、栗黄枯叶	天气逐渐变冷，板栗陆续落叶至末期，各种害虫以其不同虫态（卵、幼虫、蛹、成虫）在不同的适宜场所越冬；板栗大蚜、栗斑蚜等害虫以卵在树干、枝条上越冬；大青叶蝉等害虫以卵在枝条皮内越冬；栗实象、栗雪片象等害虫以幼虫在土内越冬；栗实蛾等害虫以幼虫在栗蓬、落叶、杂草中结茧越冬；豹纹斑螟、栗皮夜蛾等害虫以幼虫在树干翘皮等处越冬；黄刺蛾等害虫以幼虫在枝条	1.清洁栗园，彻底清扫枯枝落叶、栗蓬及虫果，并铲除园内杂草，集中烧毁，消灭各种越冬虫态 2.结合冬季修剪剪除害虫为害的枝条、卵块、虫茧、介壳等，同时刮除树干和锯口处的翘皮、粗皮，集中烧毁，消灭各种越冬害虫 3.园旁、房舍发现越冬蜻象类成虫，随时捕杀 4.封冻前深翻树盘，破坏害虫生存环境，杀死栗实象、栗雪片象、金龟子等在土内越冬的幼虫或成虫 5.冬前树干上束草，诱集豹纹斑螟、栗皮夜蛾等害虫的幼虫越冬，早春取草集中烧毁 6.秋末、早春各喷1次5波美度的石硫合剂，或45%晶体石硫合剂80～100倍液，防治介壳虫类、螨类等害虫，还可兼杀在树干上越冬的病菌 7.用80%敌敌畏乳油或40%乐果乳油100～200倍液涂抹粗皮、锯口和剪口处，消灭各种越冬害虫

物候期	发生种类	发生（为害）特点	防治方法
	蛾、板栗瘤蛾、光背锯叶甲、金龟子类、蚜虫类、蝉类、蜡类、螨类、栗瘿蜂、云斑天牛、黑蚱蝉等	上结茧越冬；金纹细蛾等害虫以蛹在落叶内越冬；绿尾大蚕蛾等以蛹在树枝上越冬；苹掌舟蛾、木橑尺蠖等害虫以蛹在土内越冬；潜叶蛾等害虫以成虫在落叶、杂草中越冬；苹毛丽金龟等害虫以成虫在土内越冬	
萌芽至展叶期（3～4月份）	栗雪片象、豹纹斑螟、双齿绿刺蛾、盗毒蛾、折带黄毒蛾、舞毒蛾、樟蚕蛾、绿尾大蚕	栗雪片象越冬幼虫4月中旬化蛹，下旬出现成虫；豹纹斑螟、双齿绿刺蛾越冬幼虫和预蛹4月下旬化蛹；盗毒蛾、折带黄毒蛾等，于发芽期越冬幼虫出蛰为害幼芽和叶片；樟蚕蛾越冬	1.冬季未进行修剪的栗园，结合春季修剪，剪除虫枝（大青叶蝉及黑蚱蝉的产卵枝，栗瘿蜂虫瘿等），集中烧毁；同时发现刺蛾虫茧应随手敲破或碾死 2.3月下旬在树干下部涂抹10～15厘米宽的粘胶带，并绑塑料膜于胶带上，上紧下松呈喇叭口状，阻止木橑尺蠖雌成虫上树，并捕杀 3.在有条件地区，利用害虫的趋光习性，可设置黑光灯诱杀樟蚕蛾、绿尾大蚕蛾、盗毒蛾、豹纹斑螟等

物候期	发生种类	发生（为害）特点	防治方法
	蛾、金纹细蛾、木橑尺蠖、板栗瘤蛾、栗大蚜、栗斑蚜、栗花翅蚜、大青叶蝉、栗大蜡、茶翅蝽、黑刺粉虱、栗叶螨、栗瘿螨、栗瘿蜂等	蛹3月份羽化为成虫，3月下旬至4月幼虫出现，为害叶片；绿尾大蚕蛾、大青叶蝉、栗斑蚜、栗花翅蚜于发芽时越冬卵分别孵化为幼虫和若蚜，为害叶片、幼芽和嫩梢；木橑尺蠖、金纹细蛾等越冬蛹4月中旬左右羽化，前者雌成虫上树活动；茶翅蝽、栗大蜡越冬成虫和若虫于4月底开始出蛰活动；3～4月份黑刺粉虱越冬若虫化蛹，4月份羽化为成虫；栗叶螨越冬卵4月下旬孵化为幼螨，后为若螨；栗瘿螨越冬雌成螨于发芽展叶后出蛰为害，受害叶	多种害虫。利用栗雪片象等害虫的假死习性，清晨敲击树干，捕杀振落的成虫 4.3月份，结合果园翻地，在树盘内撒施辛硫磷或辛拌磷颗粒剂常规用量，防治栗实象、栗雪片象越冬幼虫 5.在栗芽膨大期，喷布5波美度的石硫合剂，或40%乐果乳油800～1000倍液，防治栗瘿螨越冬虫体 6.在幼芽和展叶期，用10%吡虫啉乳油3000倍液，或3%啶虫脒乳油2000～2500倍液喷雾，防治栗大蚜和栗斑蚜 7.展叶期喷布80%敌敌畏乳油1000倍液，或50%杀螟松乳油1000倍液，或20%甲氰菊酯乳油2000倍液，防治绿尾大蚕蛾、樟蚕蛾、盗毒蛾、折带黄毒蛾、金纹细蛾等多种害虫 8.防治茶翅蝽、栗大蜡、黑刺粉虱等害虫，可选用40%乐果乳油800～1000倍液，或40%杀虫磷乳油1000～1500倍液，或10%吡虫啉乳油3000倍液喷雾 9.防治栗叶螨，应抓住冬卵孵化期和末期，连续喷药2次，能控制全年为害，可选用50%硫悬剂200～400倍液，或73%克螨特乳油2000～2500倍液，或50%溴

物候期	发生种类	发生（为害）特点	防治方法
		逐渐产生虫瘿；栗瘿蜂越冬初龄幼虫随被害芽萌发恢复活动为害，刺激组织增生形成虫瘿	螨酯乳油2000倍液，或20%甲氰菊酯乳油2000倍液喷雾，还可兼治栗瘿螨 10.春季栗瘿蜂新虫瘿形成时，是天敌－长尾小蜂成虫活动产卵期，应注意保护和利用
新梢生长至开花期（5～6月份）	栗雪片象、栗实蛾、栗皮夜蛾、褐带长卷蛾、桑褐刺蛾、双齿绿刺蛾、黄刺蛾、茶蓑蛾、舞毒蛾、折带黄毒蛾、银杏大蚕蛾、樟蚕蛾、樗蚕蛾、木橑尺蠖、栗	栗雪片象成虫5月份发生盛期，6月中下旬产卵；栗实蛾越冬幼虫6月份化蛹；栗皮夜蛾、豹纹斑螟成虫5月中下旬至6月上中旬发生并陆续交尾产卵；褐带长卷蛾第一代幼虫5～6月份发生为害；桑褐刺蛾、黄刺蛾越冬幼虫5月份化蛹，5月下旬至6月上旬羽化为成虫，6月份产卵，第一代幼虫6月下旬出现并为害；	1.田间设置黑光灯，诱杀木橑尺蠖、云斑天牛、折带黄毒蛾、桑褐刺蛾、银杏大蚕蛾等多种害虫 2.苹毛丽金龟、小青花金龟、光背锯叶甲、栗雪片象等害虫有假死习性，在成虫发生期，振动树干或树枝，树下铺塑料薄膜，收集成虫一起集中杀死 3.在栗园挂糖醋罐，诱杀豹纹斑螟等害虫 4.6～7月份为云斑天牛成虫发生期，由于成虫不善飞，行动迟缓，每日傍晚提灯捕杀成虫，同时在成虫产卵期检查树干，寻找产卵疤痕或流黑水处用小刀将树皮切开，挖出虫卵 5.防治金纹细蛾、潜叶蛾可在幼虫初孵化期或初见潜道时，喷布40%阿维菌素·敌敌畏乳油2000～2500倍液，或1%阿维菌素乳油2000倍液，或20%丁硫克百威乳油1500～2000倍液

物候期	发生种类	发生（为害）特点	防治方法
.	黄枯叶蛾、光背锯叶甲、苹毛丽金龟、小青花金龟、栗大蚜、大青叶蝉、茶翅蝽、黑刺粉虱、栗叶螨、栗瘿螨、栗瘿蜂、云斑天牛等	双齿绿刺蛾5月中旬出现成虫，第一代幼虫6月份发生为害；栗黄枯叶蛾5月上旬越冬卵孵化为幼虫，5～6月份为害盛期；光背锯叶甲越冬成虫5月份出蛰，6月份盛期；茶蓑蛾越冬幼虫5月份化蛹，5月下旬至7月羽化为成虫并产卵，6月下旬第一代幼虫发生为害；盗毒蛾、折带黄毒蛾越冬幼虫5月中下旬化蛹，6月份成虫出现，并交尾产卵；银杏大蚕蛾、樗蚕蛾、木橑尺蠖5月份出现幼虫，并为害，6月中下旬化蛹；苹毛丽金龟、小青花金龟成虫	6.对苹毛丽金龟、小青花金龟、褐锈花金龟等食花害虫，成虫发生期正值花器开花前，可喷洒80%敌敌畏乳油1500～2000倍液，或20%氰戊菊酯乳油2500倍液，或2.5%氟氯氰菊酯乳油2000～2500倍液 7.对刺蛾类、毒蛾类、蚕蛾类和木橑尺蠖、褐带长卷蛾、栗枯叶蛾等害虫的幼虫，可喷洒1.8%阿维菌素3000倍液，或苏云金杆菌7805可湿性粉剂（工业菌粉100亿／克）400～500倍液，或2.5%溴氰菊酯乳油2500～3000倍液，或5%顺式氰戊菊酯乳油2000～2500倍液 8.防治栗大蚜、栗斑蚜、栗叶螨等，可在树干1米高处刮去粗皮，露出黄白色皮层，成30厘米宽的环状带，涂抹10～20倍的40%乐果乳油，间隔10～15天涂抹1次，连续涂药2次，涂完后用旧报纸包扎，以防人畜中毒 9.盗毒蛾、折带黄毒蛾等，虫口密度大时，于成虫出土前，一般在地面喷洒50%辛硫磷乳油1000倍液，或50%杀螟硫磷乳油1000倍液，或2.5%溴氰菊酯乳油2000倍液，喷后浅混土，可杀死出土成虫

物候期	发生种类	发生（为害）特点	防治方法
		于开花期出现，并为害花器；栗大蚜5月上旬出现有翅胎生雌蚜，并迁飞；大青叶蝉第一代若虫发生；栗大蝽5月中旬至6月份越冬若虫羽化为成虫，6月份产卵，6月中旬孵化为若虫；黑刺粉虱第一代成虫5～7月份发生；栗叶螨第一代成螨5月下旬发生，并为害叶片；黑蚱蝉越冬卵6月份孵化为若虫；云斑天牛成虫6～8月份发生，6月中下旬产卵盛期	10.防治黑刺粉虱、茶翅蝽等害虫，参照上期害虫防治方法 11.在豹纹斑螟成虫发生期，利用人工合成的信息素，迷惑雄成虫，减少雌成虫有效产卵量。还可在成虫产卵和幼虫孵化期，喷布有机磷、菊酯类农药常规用量防治

物候期	发生种类	发生（为害）特点	防治方法
果实膨大期（7～8月份）	栗实象、栗雪片象、栗实蛾、豹纹斑螟、栗皮夜蛾、褐带长卷蛾、板栗刺蛾、黄刺蛾、桑褐刺蛾、双齿绿刺蛾、苹掌舟蛾、栗掌舟蛾、折带黄毒蛾、山楂绢粉蝶、灿福蛱蝶、茶蓑蛾、盗毒蛾、舞毒蛾、银杏大蚕蛾、	栗实象越冬幼虫7月下旬化蛹，8月份出现成虫，并交尾产卵，中下旬幼虫蛀入栗蓬，为害果仁；栗雪片象、栗实蛾、豹纹斑螟7月份陆续由卵孵化为幼虫，蛀入栗蓬、为害果仁，8月份为害盛期；栗皮夜蛾7月中下旬第二代幼虫出现，8月份为害盛期；金龟子、刺蛾类、栗掌舟蛾、栗皮夜蛾幼虫7～8月份为害叶片最烈；毒蛾类、樗蚕蛾、木橑尺蠖幼虫8月份为害严重；银杏大蚕蛾8月中下旬成虫羽化，交尾产卵，卵多产于树干中、下部1～3米处或树	1.摘除虫果、虫叶，剪除虫枝，捡拾落果、落蓬，集中烧毁，消灭栗实象、栗雪片象、栗实蛾、豹纹斑螟、栗瘿蜂、栗瘿螨、黑蚱蝉、刺蛾类等害虫 2.撬开被害树皮，捕杀云斑天牛等蛀干害虫 3.大青叶蝉产卵于幼嫩枝干皮内呈月牙形，银杏大蚕蛾产卵多在树干基部或枝杈处，呈块状灰白色，在大发生年份，可组织人力用棍棒压破卵块 4.利用栗实象、四纹丽金龟、小云斑鳃金龟成虫的假死习性捕杀成虫，方法同上期，可兼治栗雪片象等多种害虫 5.防治云斑天牛、芳香木蠹蛾等蛀干害虫，用80%敌敌畏乳油50倍液，用带曲管的药瓶从蛀孔灌药，或用喷雾器将喷头摘去，用喷杆插入蛀孔，向孔内压入药液，也可用棉球蘸敌敌畏原液塞入虫孔，然后用泥堵塞洞口，熏杀幼虫 6.栗实象成虫出土前，在地面撒施5%辛硫磷颗粒剂常规剂量，施药后浅混土，毒杀成虫 7.栗实蛾、栗雪片象产卵盛期至幼虫孵化后蛀果前，喷布有机磷类或菊酯类农药常规用量，也可饲养释放

物候期	发生种类	发生（为害）特点	防治方法
	樟蚕蛾、绿尾大蚕蛾、樗蚕蛾、木橑尺蠖、板栗钩蛾、光背锯叶甲、四纹丽金龟、小云斑鳃金龟、大青叶蝉、栗大蚜、茶翅蝽、黑刺粉虱、栗叶螨、栗瘿螨、栗瘿蜂、云斑天牛、黑蚱蝉等	枝分杈处；光背锯叶甲越冬代成虫6～7月份出蛰盛期，并交尾产卵，7～8月份成虫、幼虫均为害叶片；大青叶蝉第二代成虫7～8月份羽化，并交尾产卵，将卵产于枝干皮内；蚜类新一代若虫7月份孵化，8月份为成虫盛发期；黑刺粉虱7～8月份成虫、若虫发生为害期；栗叶螨6～8月份为全年发生盛期；7～8月份有栗瘿螨新虫瘿形成；栗瘿蜂成虫7月中下旬将卵产于健芽内，8月份陆续孵化，在芽内造小室越冬；云斑天牛7月份幼虫孵	赤眼蜂，每667平方米释放赤眼蜂30万头 8.防治刺蛾类、毒蛾类、蚕蛾类、舟蛾类、木橑尺蠖、板栗钩蛾、叶螨、栗瘿螨、黑刺粉虱、蝽类等害虫、害螨，参见以上2期防治方法 9.栗园天敌种类很多，常见的有草蛉、蓟马、小黑花蝽、食螨瓢虫、七星瓢虫、绒茧蜂等，应注意保护利用，有条件的可人工饲养、释放，开展生物防治

物候期	发生种类	发生（为害）特点	防治方法
		化，8月份蛀干为害达盛期；黑蚱蝉雌成虫7～8月份产卵于枝条，造成为害	
采收至落叶期（9～10月份）	栗实象、栗雪片象、栗实蛾、豹纹斑螟、褐带长卷蛾、刺蛾类、茶蓑蛾、折带黄毒蛾、银杏大蚕蛾、樗蚕蛾、栗掌舟蛾、板栗钩蛾、、栗大蚜、大青叶蝉、黑刺	栗实象、栗雪片象幼虫于9月份陆续脱果入土越冬，果实采收时还有部分幼虫未脱果；豹纹斑螟幼虫在果实近成熟期和采收堆放期为害严重，9月份也陆续脱果，潜入树皮缝、树洞内、堆果场和向日葵、玉米秸秆内越冬；栗实蛾9月份大量蛀入栗果内为害，10月份陆续脱果，潜入栗蓬、落叶、杂草等处越冬；栗皮夜蛾第三代	1.在采收前后及时捡拾板栗落果、落蓬，集中一起烧毁，可减少栗实象、雪片象、豹纹斑螟等害虫越冬虫源 2.栗蓬采收后，及时脱粒并选出虫果集中烧毁或深埋，消灭各种蛀果害虫的幼虫 3.及时摘除有虫向日葵花盘，并及时处理有虫玉米穗，可消灭部分豹纹斑螟越冬幼虫 4.银杏大蚕蛾、绿尾大蚕蛾大发生年份，可于9月上中旬捕杀成虫，并组织人力用木棍压破卵块 5.在堆蓬、脱粒场所，地面喷洒50%辛硫磷乳油500倍液，将土毒化，杀死栗实象、雪片象、栗实蛾等入土幼虫，或堆果场所设在水泥地面上，幼虫脱果后集中一起杀死 6.采收后将栗蓬堆积，用厚塑料薄膜罩封严密，或

物候期	发生种类	发生（为害）特点	防治方法
	粉虱、黑蚱蝉等	幼虫9月份陆续脱果，潜入树皮缝隙结茧化蛹越冬；栗大蚜、栗斑蚜10月份间产生有性蚜，雌雄蚜交尾后产卵于树干、枝条上越冬；云斑天牛以幼虫在被害蛀道和皮内越冬；黄刺蛾类、毒蛾类、蚕蛾类、金纹细蛾、潜叶蛾、苹掌舟蛾、木橑尺蠖以及金龟子类、大青叶蝉等害虫以不同虫态在不同场所越冬（参见休眠期）	密封在室内，温度在20℃时，每立方米用二硫化碳20毫升熏蒸20小时，或用溴甲烷每立方米用30克，熏蒸30小时，杀死栗实象、栗雪片象、栗实蛾等未脱果的幼虫 7.栗蓬采收后堆积期间，若没用二硫化碳、溴甲烷熏蒸，可用80%敌敌畏乳油1000倍液，喷在栗蓬上，后用大塑料薄膜罩起来，熏杀在栗蓬内为害的幼虫 8.9月下旬至10月初，大青叶蝉在枝干上产卵比较集中，可喷洒80%敌敌畏乳油1000倍液，或20%氰戊菊酯乳油2000倍液，消灭成虫，并组织人力压破大青叶蝉卵块 9.其他越冬害虫的防治，可在休眠期进行